国家卫生健康委员会"十三五"规划教材配套教材
全国高等学校配套教材
供本科应用心理学及相关专业用

生理心理学
学习指导与习题集

第2版

主　　编　杨艳杰
副 主 编　朱熊兆　汪萌芽　廖美玲
编　　者　(以姓氏笔画为序)

王晟怡（天津医科大学）　　　　　　杨艳杰（哈尔滨医科大学）

冯正直（陆军军医大学）　　　　　　何志磊（齐齐哈尔医学院）

朱　舟（华中科技大学同济医学院　　汪萌芽（皖南医学院）
　　　　　附属同济医院）　　　　　侯彩兰（广东省人民医院）

朱春燕（安徽医科大学）　　　　　　徐　娜（滨州医学院）

朱熊兆（中南大学湘雅二医院）　　　高志华（浙江大学医学院）

全　鹏（广东医科大学）　　　　　　阙墨春（苏州大学医学部）

杨秀贤（哈尔滨医科大学）　　　　　廖美玲（福建医科大学）

人民卫生出版社

图书在版编目（CIP）数据

生理心理学学习指导与习题集 / 杨艳杰主编. —2 版. —北京：
人民卫生出版社，2019

全国高等学校应用心理学专业第三轮规划教材配套教材

ISBN 978-7-117-28847-7

Ⅰ.①生… Ⅱ.①杨… Ⅲ.①生理心理学 - 医学院校 -
习题集 Ⅳ.①B845-44

中国版本图书馆 CIP 数据核字（2019）第 194044 号

人卫智网	www.ipmph.com	医学教育、学术、考试、健康，购书智慧智能综合服务平台
人卫官网	www.pmph.com	人卫官方资讯发布平台

生理心理学学习指导与习题集
第 2 版

主　　编：杨艳杰
出版发行：人民卫生出版社（中继线 010-59780011）
地　　址：北京市朝阳区潘家园南里 19 号
邮　　编：100021
E - mail：pmph @ pmph.com
购书热线：010-59787592　010-59787584　010-65264830
印　　刷：三河市尚艺印装有限公司
经　　销：新华书店
开　　本：787×1092　1/16　印张：9
字　　数：225 千字
版　　次：2014 年 2 月第 1 版　2019 年 10 月第 2 版
　　　　　2019 年 10 月第 2 版第 1 次印刷（总第 2 次印刷）
标准书号：ISBN 978-7-117-28847-7
定　　价：26.00 元
打击盗版举报电话：010-59787491　E-mail：WQ @ pmph.com
（凡属印装质量问题请与本社市场营销中心联系退换）

前　言

　　《生理心理学学习指导与习题集》第 2 版是全国高等学校本科应用心理学专业规划教材《生理心理学》第 3 版的配套教材,适合应用心理学及其他相关专业教学与学习使用。本书编写的目的是在全面学习《生理心理学》教材的同时,便于学生对所学内容进行梳理和概括,加深学生对教材内容的理解和思考,以更系统、更牢固地掌握教材内容。

　　《生理心理学学习指导与习题集》第 2 版包括教材精要、复习题和参考答案三部分。"教材精要"包括内容简介、教材知识点和本章小结三部分,内容简介概括教材各章的主要内容;教材知识点则依据教材学习目标的要求,将教材各章中的相应知识点加以准确、简练地阐述,既注重基础知识的巩固,又力求做到重点突出,针对性强;本章小结对本章的主要内容进行总结归纳与提炼。"复习题"部分强化本章的主要内容和主要知识点,在题型设置方面顺应了当前的考试形式,参照国内各种考试标准和要求,确定了最常见的三种题型(单选题、名词解释、问答题),并给出了详细的参考答案。

　　本书的特色在于紧扣教材内容,抓住教材实质,深化知识理解,提高学生对知识的综合运用能力,是学生考试、教师备课必备的参考材料。

　　由于时间和水平所限,书中难免存在疏漏或不足之处,恳请广大读者与同仁批评指正,以便再版时进一步修订和完善。

　　本配套教材在编写过程中得到各位编者的大力支持,感谢他们为本书编写和出版所做的贡献。

杨艳杰

2019 年 7 月

目　录

第一章　　绪　　论

一、教材精要

(一)内容简介

本章介绍了生理心理学的概念,生理心理学的由来和发展,生理心理学的研究对象、研究任务、研究方法、学科性质以及生理心理学研究的理论假说和相关学科。

(二)教材知识点

1. 生理心理学的由来和发展

(1)概念:生理心理学是研究心理现象的生理机制,即研究外界事物作用于脑而产生心理现象的物质过程的科学。

(2)人类对心理活动与脑功能关系的认识经历的历史时期

1)自然哲学思想。

2)解剖生理实践。

3)现代科学进展。

2. 生理心理学的研究对象和任务

(1)生理心理学的研究对象:生理心理学是以脑为中心,研究心理现象的生理机制。

(2)生理心理学的研究任务:生理心理学的研究对象是心理活动的生理机制,因此研究并揭示心理现象产生过程中有机体的生理活动过程,特别是中枢神经系统和它的高级部位——大脑的活动方式,是生理心理学的主要任务。

(3)生理心理学的研究方法:生理心理学有许多经典及流行的研究方法,主要从分子细胞水平、结构功能水平以及整体系统水平三个不同层次进行研究。

(4)生理心理学的学科性质:生理心理学本身是一个交叉和综合性的学科,研究的对象有人类和非人被试;研究方法可能是实验研究,也可能是非实验研究;研究性质既有基础的也有应用的。它与生理学、神经解剖学、生物化学、神经心理学以及行为遗传学等有着密切的联系。生理心理学综合各邻近学科的研究成果来探索心理现象,以及心理活动赖以产生的脑的组织和工作的奥秘。生理心理学研究脑的各部分结构的功能,结合现代生物科学技术,从比较、演化、个体发育的观点研究脑与行为的关系,了解脑的各个部分是怎样参与脑的整体工作的。

(5)学习生理心理学的意义

1)生理心理学为科学心理学的建立作出了重要贡献,它在解释心理的实质方面有着不可替代的作用。随着新的研究成果的不断涌现,这门学科对心理科学的发展必将继续产生重要影响。

2）人类的科学事业正在面临着物质的本质、宇宙的起源、生命的本质和智力的产生四大问题的挑战。智力是如何由物质产生的是最后的问题，也是最难的问题，需要生理心理学的解释。学习生理心理学对认识论和哲学理论发展具有重要意义。

3）生理心理学的研究成果能够为高新技术的发展提供好的思路，例如对智能计算机、机器人学的理论发展可提供重大的理论启发。

4）研究生理心理学的巨大动力和这门学科的生命力，在于它是对人类自身的心理活动进行寻根究底的。

5）生理心理学能够为许多实践领域服务，对于教学、医学、运动科学、文化艺术、社会福利及环保事业具有基础性理论意义。尤其是为人类的医疗卫生事业服务，提高身心健康水平，增进人类身心健康。

3. 生理心理学研究的理论假说 生理心理学研究的理论假说主要是脑结构和功能关系的假说。

（1）定位学说与整体学说的统一

1）定位学说：德国解剖学家弗朗兹·约瑟夫·加尔（Franz Joseph Gall）于1796年提出了颅相学，他认为人的心理与特质能够根据头颅形状确定。1843年，弗朗西斯·马戎第（François Magendie）将颅相学称作"当代的伪科学"，但颅相学影响了19世纪精神病学与现代神经科学的发展，并且推动了脑结构与功能定位研究。20世纪40—50年代，定位学说得到了进一步的发展。研究发现，记忆可能定位在颞叶，杏仁核和海马也与记忆有关，下丘脑与进食和饮水有关，这些发现都有利于脑功能的定位学说。

2）整体学说：19世纪中叶，弗罗伦斯（Flourens，1794—1867）采用局部毁损实验方法，切除动物一部分皮质导致行为损伤，结果发现经过一段时间，动物能康复到接近正常的情况。20世纪中叶，拉什利（Karl Spencer Lashley，1890—1958）的研究支持了整体学说，他提出了两条重要的活动原理：均势原理和总体活动原理。均势原理是指大脑皮质的各部位几乎以均等的程度对学习发生作用；总体活动原理是指大脑是以总体发生作用的，学习活动的效率与大脑损伤的面积大小有关，与损伤部位无关。

3）两者的统一：定位学说认为人的神经系统的不同部位各有其功能，并排列在不同的等级上。而整体学说认为大脑皮质的各个部位几乎以均等的程度对学习发生作用。19世纪末到20世纪初，英国生理学家谢灵顿和俄国生理学家巴甫洛夫几乎同时建立了生理学实验分析法，以反射论为指导，研究中枢神经系统的功能。大量研究表明，"暂时联系"是神经元的普遍特征，但它们有相对的"专门化"。因此，"暂时联系"的形成作为神经系统的普遍功能是符合等势原理的。但是，学习类型的繁简不一，因此参与的神经网络就不能一样，这一点又符合功能定位学说。所以，在学习过程中，等势原理、总体活动原理与功能定位同时存在于大脑皮质中。

（2）功能系统学说：功能系统学说由巴甫洛夫学派生理学家阿诺欣首先提出。苏联科学家鲁利亚（Alexander Romanovich Luria，1902—1977）认为，脑是一个动态的结构，是一个复杂的动态功能系统。鲁利亚对大量的脑损伤患者进行过临床观察和康复训练，观察到脑的一定部位的损伤会引起一定的心理功能的障碍；但脑的一种功能并不仅仅和某一部位相联系，脑的各个部位之间还有紧密的联系。鲁利亚根据研究事实，把脑分成三个相对独立，但又相互联系的功能系统：

1）第一功能系统：第一功能系统即调节激活和维持觉醒状态的激活系统，也叫动力系统。由网状结构和边缘系统组成。它的基本功能是保持大脑皮质的一般觉醒状态,提高它的兴奋性和感受性,并实现对行为的自我调节。第一功能系统并不对某个特定的信息进行加工。这个系统受损,大脑的激活水平或兴奋水平将普遍下降,进而影响对外界信息的加工和对行为的调节。

2)第二功能系统:第二功能系统即信息接受、加工和储存系统。它位于大脑皮质的后部,包括皮质的枕叶、颞叶和顶叶以及相应的皮质下组织。基本作用是接受来自于机体内外的各种刺激(包括听觉、视觉以及一般躯体感觉),然后对它们进行加工、储存,并把它们保存下来。第二功能系统由许多脑区构成,每个脑区又分为一级区、二级区、三级区等不同级别。

3)第三功能系统:第三功能系统即行为调节系统,是编制行为的程序、调节和控制行为的系统。它主要包括额叶的脑区。一级运动区,在中央前回,是运动的直接投射区。由大脑发出的各种动作指令,通过这个区域直接调节身体各部位的动作反应。二级区位于运动区的前面,称为运动前区。其主要作用是实现对运动的组织,制定运动的程序。三级区位于额叶面,主要作用是产生活动的意图,形成行为的程序,实现对复杂行为形式的调节和控制。当这些脑区受到破坏时,患者将由于不同脑区域的受损而产生不同形式的行为障碍。

鲁利亚认为,三个功能系统相互作用、协调活动,既分工又合作,保证了各种心理活动和行为活动的完成。人的行为和心理活动是这三个功能系统协同活动的结果。脑的三个功能系统的学说对了解脑的整体功能有重要意义。

(3)模块学说:模块学说(module theory)是20世纪80年代中期在认知科学和认知神经科学中出现的一种重要理论。这种学说认为,人脑在结构和功能上是由高度专门化并相对独立的模块(module)组成的。这些模块复杂而巧妙的结合,是实现复杂而精细的认知功能的基础。

(4)神经网络学说:神经网络学说(neural network theory)是在神经科学和认知神经科学快速发展的过程中出现的。人们逐渐认识到,人类的心理现象,特别是高级复杂的认知活动,如记忆、语言、面孔识别等,都是由不同脑区协同活动构成的神经网络实现的,而这些脑区可以经过不同神经网络参与不同的认知活动,并且在这些认知活动中发挥着各自不同的作用。这些脑区组成的动态的神经网络就构建了人类各种复杂认知活动的神经物质基础。在神经成像分析技术不断发展的今天,学者们在精确分析不同脑区的特定功能的同时,还能有效地分析出不同脑区之间的功能联结、脑区之间的功能相互影响、脑功能与脑结构之间的关系等,不断展示出不同神经网络在特定认知活动中所发挥的重要作用。

4. 生理心理学相关学科

(1)心理生理学(psychophysiology):心理生理学是介于心理学和生理学之间的一门边缘学科,研究心理-社会因素如何引起生理变化等一系列问题。

心理生理学与生理心理学的联系与区别:生理心理学是研究心理现象的生理机制,即研究外界事物作用于脑而产生心理现象的物质过程的科学。它们的研究对象基本相同,即都是探讨心脑关系的。但是它们在研究方向和方法等方面存在差别,生理心理学研究范围比较广,侧重研究生理过程对心理行为的影响,心理生理学研究范围比较窄,侧重于研究心理活动对生理活动的影响;生理心理学是以生理变量为自变量,以行为或心理变化为因变量进行研究。心理生理学则是用人为的方法使人产生某种心理或情绪的活动,然后观察其生理变化,推测或假设某些中间的过程。

(2)神经心理学(neuropsychology):神经心理学是心理学的重要分支学科之一,是一门心理学和神经生理学交叉的新兴的边缘学科。它的主要任务是研究人的高级神经系统功能和行为心理之间的相互关系及其规律,确定心理活动的大脑物质基础,并采用最新的心理学方法为诊断脑的局部性病灶提供根据。

(3)认知神经科学(cognitive neuroscience):认知神经科学诞生于20世纪70年代后期,是一门由认知科学和神经科学交叉结合而产生的新兴学科,融合了心理学、认知科学、计算机科学和神经科学等领域的研究,从基因 - 脑 - 行为 - 认知的角度来阐明认知活动的脑机制。

(4)其他相关学科

1)计算神经科学(computational neuroscience):计算神经科学是使用数学分析和计算机模拟的方法在不同水平上对神经系统进行模拟和研究。

2)纳米神经生物学(nanoneurobiology):即在纳米级微观水平上研究蛋白质变构的动力过程或膜动力过程与心理活动的关系及其干预手段。

(三)本章小结

本章介绍了生理心理学的概念、研究对象、学科性质及意义,还介绍了生理心理学的几种假说,此部分内容理论内容较多,掌握起来相对较为困难,需要同学们查阅大量资料进一步了解。

二、复习题

(一)单选题

1. 第一部生理心理学专著是
   A.《生理心理学原理》　　　　　　B.《对感官知觉学说的贡献》
   C.《生理心理学》　　　　　　　　D.《心理学大纲》

2. 心理的器官是
   A. 心脏　　　　　　　　　　　　B. 大脑
   C. 血管　　　　　　　　　　　　D. 细胞

3. 生理心理学研究的理论假说主要是关于
   A. 脑结构和功能关系的假说
   B. 脑功能的定位
   C. 人的行为和心理活动的联系
   D. 人类的心理现象和脑神经活动的关系

4. 最早采用神经网络观点来描述人类语言产生的神经科学家是
   A. 鲁利亚　　　　　　　　　　　B. 拉什利
   C. 弗朗兹·约瑟夫·加尔　　　　D. 格奇温德

5. 不是生理心理学相关学科的是
   A. 心理生理学　　　　　　　　　B. 神经生理学
   C. 认知神经科学　　　　　　　　D. 医学心理学

6. 生理心理学与心理生理学的研究任务和学科性质完全一致,但略有**不同**的方面是
    A. 研究对象
    B. 研究水平
    C. 研究方向和研究方法
    D. 研究目的
7. 下列**不属于**生理心理学分子细胞水平的研究方法的是
    A. 单细胞电活动记录方法
    B. 神经元定位方法
    C. 基因组学方法
    D. 双生子研究
8. 鲁利亚将大脑用于调节激活和维持觉醒状态的系统称作
    A. 第一功能系统
    B. 第二功能系统
    C. 第三功能系统
    D. 第四功能系统

(二)名词解释
1. 生理心理学
2. 心理生理学
3. 神经心埋学
4. 认知神经科学

(三)问答题
1. 生理心理学的研究对象是什么?
2. 生理心理学的学科性质是什么?
3. 试述生理心理学的研究任务。
4. 试述生理心理学的研究方法。
5. 试述生理心理学研究的理论假说。
6. 试述鲁利亚脑的三个功能系统学说。

三、参考答案

(一)单选题
 1. A 2. B 3. A 4. D 5. D 6. C 7. D 8. A

(二)名词解释
1. 生理心理学:生理心理学是研究心理现象的生理机制,即研究外界事物作用于脑而产生心理现象的物质过程的科学。
2. 心理生理学:心理生理学是介乎心理学和生理学之间的一门边缘学科,研究心理-社会因素如何引起生理变化等一系列问题。
3. 神经心理学:神经心理学是心理学的重要分支学科之一,是一门心理学和神经生理学交叉的新兴的边缘学科。
4. 认知神经科学:认知神经科学是一门由认知科学和神经科学交叉结合而产生的新兴学科,融合了心理学、认知科学、计算机科学和神经科学等领域的研究,从基因-脑-行为-认知的角度来阐明认知活动的脑机制。

(三)问答题
1. 生理心理学的研究对象是什么?
答:生理心理学的研究对象是以脑为中心,研究心理现象的生理机制。
2. 生理心理学的学科性质是什么?
答:生理心理学本身是一个交叉和综合性的学科,研究的对象有人类和非人被试;研

究方法可能是实验研究,也可能是非实验研究;研究性质既有基础的,也有应用的。它与生理学、神经解剖学、生物化学、神经心理学以及行为遗传学等都有密切的联系。生理心理学综合各邻近学科的研究成果来探索心理现象以及心理活动赖以产生的脑的组织和工作的奥秘。生理心理学研究脑的各部分结构的功能,结合现代生物科学技术,从比较、演化、个体发育的观点研究脑与行为的关系,了解脑的各个部分怎样参与脑的整体工作。

3. 试述生理心理学的研究任务。

答:生理心理学的研究对象是心理活动的生理机制,因此研究并揭示心理现象产生过程中有机体的生理活动过程,特别是中枢神经系统和它的高级部位——大脑的活动方式,是生理心理学的主要任务。

4. 试述生理心理学的研究方法。

答:基于细胞分子水平的研究方法有:单细胞电活动记录方法、基因组学方法、神经元定位方法、受体定位方法、表观遗传学方法等;基于结构功能水平的研究方法有:脑损毁法、功能性磁共振成像、正电子发射体层摄影、脑电图、事件相关电位、脑磁图、经颅磁刺激等;基于整体系统水平的研究方法有:行为学建模方法、家系研究、双生子研究、寄养子研究等。

5. 试述生理心理学研究的理论假说。

答:(1)定位学说与整体学说的统一

1)定位学说:德国解剖学家弗朗兹·约瑟夫·加尔于1796年提出了颅相学,他认为人的心理与特质能够根据头颅形状确定。1843年,弗朗西斯·马戎第将颅相学称作"当代的伪科学",但颅相学影响了19世纪精神病学与现代神经科学的发展,并且推动了脑结构与功能定位研究。20世纪40—50年代,定位学说得到了进一步发展。研究发现,记忆可能定位在颞叶,杏仁核和海马也与记忆有关,下丘脑与进食和饮水有关,这些发现都有利于脑功能的定位说。

2)整体学说:19世纪中叶,弗罗伦斯采用局部毁损实验方法,切除动物一部分皮质导致行为损伤,结果发现经过一段时间,动物能康复到接近正常的情况。20世纪中叶,拉什利的研究支持了整体学说,他提出了两条重要的活动原理:均势原理和总体活动原理。均势原理是指大脑皮质的各部位几乎以均等的程度对学习发生作用;总体活动原理是指大脑是以总体发生作用的,学习活动的效率与大脑损伤的面积大小有关,与损伤部位无关。

3)两者的统一:定位学说认为人的神经系统的不同部位各有其功能,并排列在不同的等级上。而整体学说认为大脑皮质的各个部位几乎以均等的程度对学习发生作用。19世纪末到20世纪初,英国生理学家谢灵顿和俄国生理学家巴甫洛夫几乎同时建立了生理学实验分析法,以反射论为指导,研究中枢神经系统的功能。大量研究表明,"暂时联系"是神经元的普遍特征,但它们有相对的"专门化"。因此,"暂时联系"的形成作为神经系统的普遍功能是符合等势原理的。但是,学习类型的繁简不一,因此参与的神经网络就不能一样,这一点又符合功能定位学说。所以,在学习过程中,等势原理、总体活动原理与功能定位同时存在于大脑皮质中。

(2)功能系统学说:功能系统学说由巴甫洛夫学派生理学家阿诺欣首先提出。苏联科学家鲁利亚认为,脑是一个动态的结构,是一个复杂的动态功能系统,实验表明,脑的一定部位的损伤会引起一定的心理功能的障碍；但脑的一种功能并不仅仅和某一部位相联系，脑的各个部位之间还有着紧密的联系。鲁利亚根据研究事实，把脑分成三个相对独立，但又相互联系的功能系统：第一功能系统即调节激活和维持觉醒状态的激活系统，也叫动力系统。第二功能系统即信息接受、加工和储存的系统。第三功能系统即行为调节系统，是编制行为的程序、调节和控制行为的系统。鲁利亚认为，三个功能系统相互作用、协调活动，既分工又合作，保证了各种心理活动和行为活动的完成。人的行为和心理活动是这三个功能系统协同活动的结果。脑的三个功能系统的学说对了解脑的整体功能具有重要意义。

（3）模块学说：模块学说是 20 世纪 80 年代中期在认知科学和认知神经科学中出现的一种重要理论。这种学说认为，人脑在结构和功能上是由高度专门化并相对独立的模块组成的。这些模块复杂而巧妙的结合，是实现复杂而精细的认知功能的基础。

（4）神经网络学说：神经网络学说是在神经科学和认知神经科学的快速发展的过程中出现的。人类的心理现象，特别是高级复杂的认知活动，如记忆、语言、面孔识别等，都是由不同脑区协同活动构成的神经网络实现的，而这些脑区可以经过不同神经网络参与不同的认知活动，并且在这些认知活动中发挥各自不同的作用。这些脑区组成的动态的神经网络就构建了人类各种复杂认知活动的神经物质基础。学者们有效地分析出不同脑区之间的功能联结、脑区之间功能的相互影响、脑功能与脑结构之间的关系等，不断展示出不同神经网络在特定认知活动中所发挥的重要作用。

6. 试述鲁利亚脑的三个功能系统学说。

答：鲁利亚脑的三个功能系统学说由巴甫洛夫学派生理学家阿诺欣首先提出。苏联科学家鲁利亚认为，脑是一个动态的结构，是一个复杂的动态功能系统。鲁利亚对大量的脑损伤患者进行过临床观察和康复训练，观察到脑的一定部位的损伤会引起一定的心理功能的障碍；但脑的一种功能并不仅仅和某一部位相联系，脑的各个部位之间还有紧密的联系。鲁利亚根据研究事实，把脑分成三个相对独立，但又相互联系的功能系统：

（1）第一功能系统：第一功能系统即调节激活和维持觉醒状态的激活系统，也叫动力系统。由网状结构和边缘系统组成。它的基本功能是保持大脑皮质的一般觉醒状态，提高它的兴奋性和感受性，并实现对行为的自我调节。第一功能系统并不对某个特定的信息进行加工。这个系统受损，大脑的激活水平或兴奋水平将普遍下降，进而影响对外界信息的加工和对行为的调节。

（2）第二功能系统：第二功能系统即信息接受、加工和储存的系统。它位于大脑皮质的后部，包括皮质的枕叶、颞叶和顶叶以及相应的皮质下组织。基本作用是接受来自于机体内外的各种刺激（包括听觉、视觉以及一般躯体感觉），然后对它们进行加工、储存并把它们保存下来。第二功能系统由许多脑区构成。每个脑区又分为一级区、二级区、三级区等不同级别。

（3）第三功能系统：第三功能系统即行为调节系统，是编制行为的程序、调节和控制行为的系统。它主要包括额叶的脑区。一级运动区，在中央前回，是运动的直接投射区。由大脑发出的各种动作指令，通过这个区域直接调节身体各部位的动作反应。二级区位于运动区的前面，称为运动前区。其主要作用是实现对运动的组织，制定运动的程序。三级区位于额叶面，主要作用是产生活动的意图，形成行为的程序，实现对复杂行为形式的调节和控制。当这些脑区受到破坏时，患者将由于不同脑区域的受损而产生不同形式的行为障碍。

鲁利亚认为，三个功能系统相互作用、协调活动，既分工又合作，保证了各种心理活动和行为活动的完成。人的行为和心理活动是这三个功能系统协同活动的结果。脑的三个功能系统的学说对了解脑的整体功能有重要意义。

（杨艳杰）

第二章　　生理心理学的研究方法

一、教材精要

（一）内容简介

本章从分子细胞水平、结构功能水平、整体系统水平，介绍了生理心理学研究方法的相关知识。

（二）教材知识点

1. 细胞分子水平研究方法

（1）单细胞记录方法

1）单细胞记录是记录实验室动物的单个神经元活动的重要方法，用单细胞放电特征来解释心理现象的技术。

2）单细胞记录的基本思路是：将一个微电极插入动物特定脑区的单个神经细胞内，记录单个细胞的放电特征。以期达到用单个细胞的放电特征来解释心理现象的目的。

（2）基因组学方法

1）脑功能基因组学是通过在分子水平上揭示大脑的学习、记忆、思维和认知行为的生理机制，从而为治疗各种脑疾病和开发人类潜能提供理论基础。

2）脑功能基因组学研究主要有四大技术支持：基因组学及蛋白组学技术、转基因或基因敲除技术、化学遗传方法、高密度神经元群体记录技术。

（3）神经元定位方法

1）神经元定位的基础方法：神经细胞染色法、神经束路追踪技术。

2）神经元定位是细胞水平的神经解剖学，以了解脑组织的精细结构。

（4）受体定位方法

1）受体定位方法：对细胞内存在着和相应的神经递质或神经活性物质结合而使其发挥调节效应的蛋白质受体定位的方法。

2）受体定位的主要方法：配体标记法、免疫组织化学法和原位杂交法。

（5）表观遗传学方法

1）表观遗传学：研究基因型不发生变更的情况下产生的基因表达的可遗传改变的学科。

2）表观遗传学的研究内容包括：DNA 甲基化表观遗传学、染色质表观遗传学、表观遗传基因表达调控、表观遗传学变异、表观遗传基因沉默、DNA 甲基化在发育中的作用、表观遗传在进化中的作用等。

2. 结构功能水平研究方法

（1）脑损毁法

1）脑损毁法：人们通过在原部位人工损毁或者自然损毁部分脑组织后以评估动物或人类的行为的实验技术。

2）常用建构脑毁损模型的方法：吸出法、电损毁法和神经化学损毁法。

3）脑毁损的基本逻辑：基于脑的特定部位执行某种特定功能，对应着某种机体行为，如果相应脑区受损后，这部分功能会出现障碍甚至丧失。

（2）功能性磁共振成像

1）功能性磁共振成像（fMRI）技术：显示大脑各个区域内静脉毛细血管中血液氧合状态所起的磁共振信号的微小变化。

2）功能性磁共振成像研究的基本原理：大多数的 fMRI 研究基于这种血氧水平依赖（BOLD）的对比原理。当脱氧血红蛋白（Hb）与氧合血红蛋白（HbO_2）的比率发生变化时，fMRI 探测器就能够得以检测。当受试者对特定的刺激作出反应，激活相应的脑区，神经元活动导致局部血流量和氧交换量增加，但局部耗氧率并没有等量地增加，氧的供应量大于消耗量，其结果导致氧合血红蛋白含量增加，脱氧血红蛋白含量降低，fMRI 图像强度则发生相应变化。

（3）正电子发射体层摄影

1）正电子发射体层摄影：是通过获得正电子标记药物在人体中的三维密度分布的信息，以及该分布随时间变化的信息，实现功能成像的技术。

2）正电子发射体层摄影测量心理活动相关的局部脑血流变化，测量前要向血液中注射含有放射性元素的示踪剂。这些示踪剂通常为生物生命代谢的某些化合物，参与体内细胞代谢。由于它们的不稳定状态，放射性核素中的正电子会从原子核中释放出来，与体内的负电子发生湮灭，产生 γ 光子。由于机体不同部位吸收示踪剂的能力不同，放射性核素在体内各个部位的浓聚程度不同，湮灭反应产生光子的强度也不同。通过捕获 γ 光子来显示体内核素的分布情况，将采集到的信息经储存、影像重建而获得机体横断面、冠状断面和矢状断面图像。

3）正电子发射体层摄影技术的基本假设是：在具有高度神经活动的脑区血流会增加。

（4）脑电图

1）脑电图：是通过电极记录下来的脑细胞群的自发性、节律性电活动。

2）脑电图的基本原理：神经电活动是一个电化学过程。神经元的轴突产生动作电位，传至末梢，释放神经递质，触发下一个神经元突触后膜的电位变化。虽然一个神经元所产生的电位是微小的，但是当一大群神经元共同活动时会产生足够大的电位，再通过放大器的作用，能够让被放置在头皮的电极测量到。这些表面电极比那些用于单细胞记录的电极大得多。由于大脑、颅骨以及头皮组织被动传到突触活动时产生电流，因此该电位能够在头皮上得以记录。

（5）事件相关电位

1）事件相关电位：是指当给予或撤销作用于感觉系统或脑的某一部位的一种特定外界刺激时，或当出现某种心理因素时，脑区的电位变化。

2）事件相关电位基本原理：头皮记录的脑电是相隔一定距离的脑内神经元群电活动的表现。单个神经元的电活动信号都非常微弱，只有将大量神经元活动的信号总和起来才可能被记录到。而且对于一个特定事件的神经反应相对较小，在实验中通常需要叠加大量的试次才能精确地测到。

（6）脑磁图

1）脑磁场：大脑皮质锥体细胞树突的突触后电位产生磁场。当大量锥体细胞同时产生神经冲动，形成电流时产生的磁场。

2）脑磁图技术基本原理：脑磁场相当微弱，需要特殊的设备才能测量并记录。因此需要建立一个严密的电磁场屏蔽室，在屏蔽室中被试的头部置于超冷电磁测定器中，其核心部分为超导探测器，大量的液氮使用使超导探测器保持超导状态，以确保探测磁通道中产生的微弱电流信号不损耗，使得探测磁场的灵敏度大大提高，然后记录脑磁波并形成图形。

（7）经颅磁刺激

1）经颅磁刺激：是一种能够无创地在大脑中产生局部刺激的方法。其无创非侵入地产生无痛感应电流激活大脑皮质，改变大脑生理过程，通过不同的调节方式进行感觉调节，促进或抑制认知功能和行为表现。

2）经颅磁刺激的应用理论基础：TMS设备主要包括两个部分：一是储存着高电流电荷的电容器，二是用于传递能量的刺激线圈感应器。当储存高电流电荷的电容器在极短时间内，在线圈内释放大量电荷产生磁场，磁力线以非侵入的方式分别穿过头皮、颅骨和脑组织，并在脑内产生反向感应电流，引起神经元放电，神经元的放电既可以引起暂时的大脑功能的兴奋或抑制，也可以引起长时程的皮质可塑性的改变，从而在患者身上产生治疗效果。

3. 整体系统水平研究方法

（1）行为学建模方法

1）行为学建模的主要理论基础：经典条件反射理论和操作性条件反射理论。

2）主要的行为模型：①基本行为类型模式：用于建立例如摄食、饮水、性行为、防御和睡眠等人和动物本能行为的模型。基本行为类型以非条件反射作为形成基础，具有稳定性和重复性，是由遗传而来的脑内"固定神经联系"。②习得行为类型：它是动物与人类个体出生后，以基本行为为基础，由于个体不同的经历而形成的新行为，是"暂时的神经联系"。根据形成条件和生理心理学机制的不同，习得行为分为联想学习行为、非联想学习行为、观察模仿学习行为和印记习得行为四大类。③情绪性行为模式：实验室建立两大类情绪性行为模式：阳性情绪性行为模式和阴性情绪性行为模式。自我刺激行为模型是阳性情绪行为的典型代表，当安放电极于动物脑的某些部位，动物会主动地不断按压杠杆以获得电刺激，似乎可以产生某种"愉快体验"；最常见的阴性情绪行为模式，如给实验箱底的栅栏通电，动物足底受到电击，会引起动物的痛苦体验，并在此基础上以光或声为条件刺激建立起躲避条件反应。④特殊行为模式：除传统行为模式之外，出现的其他行为模式，如给动物强的声音刺激等时诱发的震颤、抖动等行为变化的惊觉反应、考察用药前后动物的自发活动、探索行为及焦虑、抑郁状态等。⑤社会行为模式：用于研究动物社会行为的生理心理学机制建模方法。

（2）家系研究

1）家系研究：是研究者通过调查个体的家族，包括直系亲属和旁系亲属，确定想要研究的某种心理疾病、异常行为或心理特征遗传情况的方法。

2）单基因遗传病的家系特点：①常染色体显性遗传病：致病基因在常染色体上，与性别无关,而且是显性遗传。其家系特点为:家系中连续几代都有该病患者;男女成员中均有患者,患病成员的后代中也有患者,未患病成员的后代中则无此病患者。②常染色体隐性遗传病:致病基因在常染色体上,与性别无关,而且是隐性遗传。其家系特点为:患者在家系中出现得比较分散,常表现为隔代遗传。③性连锁显性遗传病:致病基因一般在 X 染色体上,随 X 染色体显性遗传给后代。家系特点为:家系中代代均有此病患者。若父亲患病,则所生女儿必患病,而儿子均正常。若母亲患病,则无论子、女都有 50% 概率患病。④性连锁隐性遗传病:致病基因在 X 染色体上,是隐性的。家系特点为:家系中患者一般都是男性,无父传子现象。家系中男性患者与正常女子结婚,所生子女一般均无病状,但其外孙中可能出现患者。如果男性患者与女性携带者结婚,所生子女中均有 50% 概率是患者。女性携带者与正常男子结婚,所生儿子有 50% 概率患病,女儿有 50% 概率为携带者。

(3)双生子研究

1)双生子研究:是通过比较同卵双生子之间和异卵双生子之间在心理发展特征上的一致性,来了解遗传和环境因素对这种心理发展特征的影响。

2)双生子研究的基本原理:同卵双生子是由同一个受精卵发育而成,同卵双生子在遗传结构上完全相同,而异卵双生子之间只有 50% 左右的遗传结构相同。双生子同时在母体中孕育,出生后所受的环境影响也大致相同,但同卵双生子与异卵双生子在遗传相似程度上有显著的差异。同卵双生子在不同环境中生长发育可以研究不同环境对其表型的影响;异卵双生子在同一环境中发育生长可以研究不同基因型的表型效应。通过比较同卵双生子之间和异卵双生子之间在心理发展特征上相似程度的差异,可以了解遗传和环境因素对这种心理发展特征的影响程度。

(4)寄养子研究

1)寄养子研究:通过比较早年被收养的人群和他们的亲生父母、养父母,评估某种行为特性是否具有遗传性的方法,即区别遗传因素与环境因素的作用。

2)寄养子研究的基本假设:如果某特征主要是遗传效应,具有该特征的养子其生物学亲属的特征率应高于寄养亲属;如果该特征主要是环境效应,则寄养亲属的特征率高于生物学亲属。

(三)本章小结

本章介绍了生理心理学常见的三大类研究方法,针对一些重要方法需掌握其基本原理,以及侧重了解一些具体研究方法在基础与应用心理学研究领域的研究进展。本章涉及内容数量较多,掌握起来相对较为困难,尤其在阐述研究方法的基本原理,以及某些经典心理研究中对于认知神经机制的描述上需着重掌握。希望在掌握基本生理心理学研究方法的基础上,拓展知识面,跟踪前沿中新的研究方法,了解其用处和优缺点,最终更好地为心理学研究服务。

二、复习题

(一)单选题

1. 在经典的视网膜神经节细胞感受野的侧抑制机制研究中发现"开中心细胞"和"闭中心细胞"的技术是

    A. 单细胞记录   B. 功能性磁共振成像

    C. 神经元定位法   D. 受体定位法

2. 脑功能基因组学研究主要的技术支持**不包括**高密度神经元群体记录技术和

    A. 基因组及蛋白组学技术　　　　　B. 基因敲除技术

    C. 化学遗传法　　　　　　　　　　D. 原位杂交法

3. 常用建构脑毁损模型的方法**不包括**

    A. 吸出法　　　　　　　　　　　　B. 电损毁法

    C. 神经化学损毁法　　　　　　　　D. 神经元定位方法

4. 以下能够反映心理功能变化的 ERP 成分是

    A. 早成分和中成分　　　　　　　　B. 中成分和晚成分

    C. 晚成分和慢波成分　　　　　　　D. 中成分和慢波成分

5. 以下**不能够**反映认知控制能力的实验范式是

    A. Stroop 范式　　　　　　　　　　B. Flanker 范式

    C. Go-NoGo 范式　　　　　　　　D. RSVP 范式

6. 以下可以改变调控大脑功能的实验技术是

    A. MGE 和 ERP　　　　　　　　　B. TMS 和 DBS

    C. EEG 和 fMRI　　　　　　　　　D. PET 和 DTI

7. 研究受体在神经系统内的定位和分布的方法主要有

    A. 原位杂交法　　　　　　　　　　B. 配体标记法

    C. 免疫组织化学法　　　　　　　　D. 事件相关电位

8. 以下哪项**不是**功能性磁共振的优点

    A. 需要造影剂　　　　　　　　　　B. 对软组织分辨率高

    C. 快速安全　　　　　　　　　　　D. 对脑组织无损伤

（二）名词解释

1. 单细胞记录

2. 脑损毁技术

3. 事件相关电位

4. 经颅磁刺激

5. 操作条件反射

6. 双生子研究

（三）问答题

1. 简要阐述神经受体定位基本方法。

2. 试述功能性磁共振成像的基本原理。

3. 试述生理心理学行为模型的基本模式。

4. 试述家系研究的基本原理及单基因遗传病的家系特点。

三、参考答案

（一）单选题

  1. A　　2. D　　3. D　　4. C　　5. D　　6. B　　7. D　　8. A

（二）名词解释

1. 单细胞记录：是记录实验室动物的单个神经元活动的重要方法，用单细胞放电特征来解释心理现象的技术。

2. 脑损毁技术：是生理心理学最早最成熟的研究行为的范式之一，人们通过在原部位人工损毁或者自然损毁部分脑组织后以评估动物或人类的行为的实验技术。

3. 事件相关电位：是指当给予或撤销作用于感觉系统或脑的某一部位的一种特定外界刺激时，或当出现某种心理因素时，脑区的电位变化。

4. 经颅磁刺激：是一种无创非侵入地在大脑中产生局部刺激的方法。通过无痛感应电流激活大脑皮质，改变大脑生理过程，通过不同的调节方式进行感觉调节、促进或抑制认知功能和行为表现。

5. 操作条件反射：建立刺激（S）与反应（R）之间的连接，当一个行为发生之后，接着给予一个强化刺激，则其强度或发生的频率会增加。

6. 双生子研究：是通过比较同卵双生子之间和异卵双生子之间在心理发展特征上的一致性，来了解遗传和环境因素对这种心理发展特征的影响。

（三）问答题

1. 简要阐述神经受体定位基本方法。

答：研究受体在神经系统内的定位和分布的方法主要有三类：配体标记法、免疫组织化学法和原位杂交法。

（1）配体标记法：即利用放射性核素发射的射线，使感光材料中的卤化银等感光，显出影像后进行放射性标记物的定位和定量测量。该方法主要在组织切片上进行，利用标记的配体和受体结合以显示受体所在部位。

（2）免疫组织化学染色法：先制造针对受体的抗体，得到不同受体及其亚型的特异性抗体之后，用免疫细胞（组织）化学或免疫荧光组织化学染色方法，即可准确显示和定位受体及其亚型所在的部位。

（3）原位杂交组织化学法：通过应用已知受体基因的碱基序列，合成与之互补的并带有标记物的探针与切片上神经元中待测的 mRNA 进行特异性结合，形成杂交体，然后再应用与标记物相应的检测系统，在核酸的原有位置对受体的 mRNA 进行定位的方法。这一技术为从分子水平研究神经元内基因表达及其调控提供了有效的工具。

2. 试述功能性磁共振成像的基本原理。

答：1990 年，小川诚二等人根据脑功能活动区氧合血红蛋白（HbO_2）含量的增加导致磁共振信号增强的原理，得到了关于人脑的功能性磁共振图像，即血氧水平依赖的脑功能成像。大多数的 fMRI 实验基于这种血氧水平依赖（BOLD）的对比原理。当脱氧血红蛋白（Hb）与氧合血红蛋白（HbO_2）的比率发生变化时，fMRI 探测器就能够得以检测。当受试者对特定的刺激作出反应，激活相应的脑区，神经元活动导致局部血流量和氧交换量增加，但局部耗氧率并没有等量地增加，氧的供应量大于消耗量，其结果导致氧合血红蛋白含量增加，脱氧血红蛋白含量降低，fMRI 图像强度则发生相应变化。

3. 试述生理心理学行为模型的基本模式。

答：生理心理学行为模型主要包括：

（1）基本行为类型模式：用于建立例如摄食、饮水、性行为、防御和睡眠等人和动物本能行为的模型。基本行为类型以非条件反射作为形成基础，具有稳定性和重复性，是由遗传而来的脑内"固定神经联系"。

（2）习得行为类型：它是动物与人类个体出生后，以基本行为为基础，由于个体不同的经历而形成的新行为，是"暂时的神经联系"。根据形成条件和生理心理学机制的不同，习得行为分为联想学习行为、非联想学习行为、观察模仿学习行为和印记习得行为四大类。

（3）情绪性行为模式：实验室建立两大类情绪性行为模式：阳性情绪性行为模式和阴性情绪性行为模式。自我刺激行为模型是阳性情绪行为的典型代表，当安放电极于动物脑的某些部位，动物会主动地不断按压杠杆以获得电刺激，似乎可以产生某种"愉快体验"；最常见的阴性情绪行为模式，如给实验箱底的栅栏通电，动物足底受到电击，会引起动物的痛苦体验，并在此基础上以光或声为条件刺激建立起躲避条件反应。

（4）特殊行为模式：除传统行为模式之外，出现的其他行为模式，如给动物强的声音刺激等时诱发的震颤、抖动等行为变化的惊觉反应、考察用药前后动物的自发活动、探索行为及焦虑、抑郁状态等。

（5）社会行为模式用于研究动物社会行为的生理心理学机制建模方法。

4. 试述家系研究的基本原理及单基因遗传病的家系特点。

答：家系研究理论依据是遗传决定的性状表现或遗传病的发病情况在家系中的遗传遵循一定规律。因此，通过家系调查与分析，可以初步了解并推测本家系中相关成员的基因型、预测未来孩子的表型，为防止或减少某些遗传病的发生、减轻某些遗传病的症状提供参考。单基因遗传病的家系特点主要有以下几点：①常染色体显性遗传病：致病基因在常染色体上，与性别无关，而且是显性遗传。其家系特点为：家系中连续几代都有该病患者；男女成员中均有患者，患病成员的后代中也有患者，未患病成员的后代中则无此病患者。②常染色体隐性遗传病：致病基因在常染色体上，与性别无关，而且是隐性遗传。其家系特点为：患者在家系中出现得比较分散，常表现为隔代遗传。③性连锁显性遗传病：一般致病基因在 X 染色体上，随 X 染色体显性遗传给后代。家系特点为：家系中代代均有此病患者。若父亲患病，则所生女儿必患病，而儿子均正常。若母亲患病，则无论子、女都有 50% 概率患病。④性连锁隐性遗传病：致病基因在 X 染色体上，是隐性的。家系特点为：家系中患者一般都是男性，无父传子现象。家系中男患者与正常女子结婚，所生子女一般均无病状，但其外孙中可能出现患者。如果男性患者与女性携带者结婚，所生子女中均有 50% 概率是患者。女性携带者与正常男子结婚，所生儿子有 50% 概率患病，女儿有 50% 概率为携带者。

（冯正直）

第三章　生理心理学的神经基础

一、教材精要

（一）内容简介

本章介绍了神经系统的基本组成、大脑的结构与功能、神经系统的形成与发育、脑的可塑性以及大脑的侧性优势。

（二）教材知识点

1. 中枢神经系统的基本组成　　中枢神经系统是神经系统的主要部分，由脑和脊髓构成。脑由端脑、间脑、中脑、脑桥、小脑和延髓6部分构成，其中端脑和间脑合称为前脑，前脑是脑最复杂的部分，也是最重要的部分。脑桥和小脑合称为后脑，延髓和后脑合称为菱脑。一般又将延髓、脑桥和中脑合称为脑干。

2. 神经系统的形成与发育　　神经系统的形成与发育起始于胚胎早期，是一个从形态到组织发生的复杂的变化过程。神经系统的变化贯穿于整个生命发展过程，这个变化是以神经细胞的增殖、迁移、分化、髓鞘化、突触增生以及细胞凋亡等一系列事件的发生为基础。

（1）增殖：是指新的神经细胞的产生。在神经系统发育的早期，神经管壁的细胞开始分裂，一些细胞继续保持在原来的位置并不断分裂，一部分细胞变成原始神经元和神经节细胞。

（2）迁移：是神经元移动到脑内的目的地，当细胞分化成为神经元和神经节细胞后就开始沿着不同的方向迁移，一些沿放射线方向从深部移动到脑的表面；一些沿着脑表面向不同的方向移动。

（3）分化：是神经干细胞分化成结构和功能不同的特殊神经细胞。原始神经元的外观与其他细胞一样，随后，这些细胞开始分化，形成轴突和树突。轴突生长先于树突。在有些情况下，轴突在神经元迁移时生长，看起来像拖着一条尾巴一样。当神经元迁移到目标位置时，树突开始生长。

（4）髓鞘化：是神经细胞制造绝缘的脂质鞘，它可以提高神经传导速度，人类髓鞘形成始于脊髓，然后是后脑、中脑与前脑。髓鞘化不像增生和迁移那样快，可以持续数十年，甚至终生。

（5）突触形成：是神经元生长发育的最后阶段。神经元不断形成新的突触，淘汰旧的突触，这一过程持续终生。

3. 大脑发育关键期与脑功能障碍　　脑发育的过程中存在着关键时期，在这一时期，发育中的脑对一些在成年后影响不很大的营养不良、毒性化学物、感染等极为易感。具体来说可以分为胚胎早期、胚胎发育后期以及出生后。

（1）胚胎早期：神经细胞的迁移和分化对神经系统的发育十分重要。在这一阶段影响神经细胞迁移或分化使大脑功能受损。

（2）胚胎发育后期：神经元分化、突触生长、突触凋亡与重建，至胚胎9个月时，神经元数量已基本确定，这一时期对脑的结构与功能的发育起着十分重要的作用。脑内的一系列蛋白营养因子，如脑源性神经营养因子（BDNF）、神经生长因子（NGF）等，会促进树突和轴突的生长。不利的环境因素或母体不能提供足够的营养，突触生长会受到干扰，导致脑发育障碍。

（3）出生后：婴儿出生后几个月内，突触数量迅速增加。4岁左右儿童，其大脑皮质各区的突触密度达到顶峰，在整个儿童期，突触密度保持在显著高于成年人的水平，到青春期，突触数量逐渐减少，接近成年人的水平。脑的高级认知功能也按时间顺序相继发育。在婴儿出生以后，哺乳期的母亲服用的药物可能通过乳汁影响婴儿。在婴儿期，环境因素对脑发育的影响会起到更重要的作用，早期的感觉剥夺会产生难以逆转的感觉功能障碍。丰富的环境刺激有助于脑的正常发育，而单调的环境会抑制脑的发育和成熟。

4. 脑的可塑性

（1）概念：脑的可塑性（plasticity）在这里是指有功能分区的脑系统受损后，对它的相关行为活动类型长期改变的预期。

（2）脑损伤与恢复

1）脑损伤的原因：造成脑损伤的原因主要有肿瘤、感染、放射性有毒物质以及帕金森病、阿尔茨海默病等退行性疾病。

2）Kennard原则：1938年，Margaret Kennard就指出，年轻的脑受损后的恢复要优于年老的脑。后人称之为"Kennard原则"。

（3）脑损伤后恢复的机制

1）神经功能联系失能：通过研究分析毁损某些脑区后动物的行为反应，发现脑损伤后出现的行为缺陷所反映的远多于受损细胞的功能。表明任何脑区的活动都会刺激其他脑区，因此损伤任何一个脑区都在一定程度上剥夺了对另一脑区的刺激，从而干扰它的正常功能。因此，使用刺激性药物增加对脑的刺激可能有助于康复。

2）轴突的再生：虽然已被损坏的细胞体不能恢复，但受损的轴突在某些情况下可以再生长。外周神经的轴突因挤压受损后，变性部分会以1mm/d的速度，随着髓鞘的径路又长回到原来的靶点。如果轴突被切断，切口两边的髓鞘不能正确对接，变性的轴突就没有径路可循。成年哺乳动物脊髓受伤后形成的瘢痕较厚，瘢痕组织不仅对轴突生长造成了机械屏障，而且还会合成一些被称为"硫酸软骨素蛋白多糖"的化学物质，抑制轴突的生长。近来研究者们已找到一种办法来建立起一个蛋白质桥，并借此为轴突创造一条通路，以跨越瘢痕间隙。

3）侧支芽生：轴突受损后，那些失去了神经支配的细胞通过释放神经营养素来诱导其他轴突形成新的分支与空缺的突触接触，这就是"侧支芽生"（sprouting）。脑损伤后有时可能会发出无关的轴突侧支芽生，它们可能是有益的，也可能是无用的或有害的。因为它们所提供的信息不会与受损的轴突一样。侧支芽生并非只发生于脑损伤之后，在正常情况下，脑不断丢失旧的突触，通过侧支芽生形成新的突触来替代。

4）去神经超敏性：传入轴突被破坏后对神经递质的敏感性增加被称为去神经超敏性。这种超敏性的原因包括受体数量的增加以及受体效能的增加。受体效能的增加可能是由于第二信号系统变化引起的。去神经超敏性有助于解释为什么人们在失去某些神经通路上的许多轴突后仍能保持正常的行为。但也有可能产生令人不快的后果，如由于脊髓损伤破坏了许多轴突，突触后神经元对剩下的轴突表现出过高的敏感性，即使是正常的刺激也可能导致过度的反应。

5）感觉代表区的重组：生活经历能改变大脑皮质的连接以增加其对重要信息的表征，这被称为重组。一些研究结果表明：①经常使用可使感觉皮质扩大；②缺乏传入信息的皮质代表区可被邻近部位的信息取代；③截肢患者的幻肢感觉是皮质代表区对来自身体其他部位的刺激作出的反应；④截肢后，脑可以发生更为广泛的重组。这种变化可能反映了轴突的侧支芽生伸展填补了突触的空白；也可能反映了突触后神经元受体敏感性的增加。这说明对使用信息较多的区域，大脑皮质的轻度重组可给予额外的空间。

5. 大脑皮质的结构与功能

（1）大脑皮质的结构：由大脑半球外表面的细胞层构成，其延伸到内部的轴突组成大脑白质。两半球之间有神经元与对侧交通，形成强大的胼胝体及较小的前联合。其他几个连合连接皮质下结构。在人类和大多数哺乳动物中，大脑皮质总共分为六层（laminae），由表面向下依次分为：（Ⅰ）分子层；（Ⅱ）外粒层；（Ⅲ）外锥体层；（Ⅳ）内粒层；（Ⅴ）内锥体层；（Ⅵ）多形层。脑区可分为四个脑叶：额叶、顶叶、颞叶、枕叶。

（2）大脑皮质的功能：大脑皮质的基本功能是对感觉材料进行整合和精细加工。大脑皮质各叶具有一些彼此独立的功能，其中额叶与思维、智能和行为有关；颞叶与听觉、嗅觉和记忆有关；枕叶和脑岛分别是视觉和味觉的中枢；而顶叶则与人的空间感觉有关。

1）额叶：额叶是脑发育最晚的部分，通常将其区分为三个主要的部分：①中央前回的运动区（4区）；②包括额上回、额中回和额下回后部的前运动区；③包括额上回、额中回和额下回的前部以及眶回和内侧额回大部分的前额区。按鲁利亚三级区的观点，运动区相当于一级区（运动指令的执行）；前运动区相当于二级区（运动的组织）；前额区相当于三级区（高级整合）。额叶的功能广泛而复杂，几乎涉及所有认知功能，如抽象思维、智力整合、情感、工作记忆、计划以及决策等心理过程。额叶与记忆功能关系密切。对非人灵长类的研究表明，有两个主要的神经回路参与工作记忆活动：①皮质-皮质神经回路：由前额皮质、顶后皮质、扣带回、海马等结构组成；②皮质-皮质下神经回路：由前额皮质、纹状体、苍白球、黑质等组成。前额叶皮质可能是执行控制功能的关键结构。

2）顶叶：位于枕叶和中央沟之间，由四个部分组成：①第一体感区：位于中央后回（3、1、2区），为初级躯体感觉皮质，是触觉信息和来自肌肉牵张感受器及关节感觉器的信息的主要目的地；②第二体感区：位于外侧裂后肢上缘，与脑岛相邻，主要接受痛觉信号；③后言语区：主要部分在颞叶，也包括顶下回的39、40区；④味觉区：位于沟回和脑岛的前部，电刺激人类的50区（相当于外侧裂深入的中央区皮质）可引起味觉。顶叶在逻辑或符号性关系的认知上极为重要。优势半球顶叶病变的患者可表现符号综合障碍，优势半球顶叶下部病变的患者对句法的抽象逻辑关系意义的理解也有困难。

3）颞叶：颞叶是听觉的主要中枢，颞叶受损可表现出听觉失认（双侧颞横回）、听觉性失音乐症（颞上回中间1/3区域、颞横回前面或颞极）。颞叶在情感和动机行为中也起着重要的作用，颞叶受损会导致一系列行为障碍。之前表现出狂躁和侵略性行为的猴子颞叶损伤后，它们不能表现出正常的恐惧和焦虑。

4）枕叶：枕叶皮质与视觉功能密切相关，损毁纹状皮质的任何区域都会导致相关视野的皮质盲。

6. 边缘系统的组成和功能

（1）边缘系统的组成：根据进化和功能的区分，人们将大脑半球内侧面胼胝体周围和侧脑室下角底壁周围的弧形部分称为边缘叶。它们包括隔区（胼胝体下区和终纹旁回）、扣带回、海马旁回、海马和齿状回等。边缘叶和有关的皮质下结构包括杏仁核、下丘脑、上丘脑、背侧丘脑前核和中脑被盖等合称为边缘系统。

（2）边缘系统的功能：边缘系统是低等动物获得应对环境变化经验的最高中枢，和嗅觉以及内脏活动有密切关系，并参与个体生成和种族繁衍功能（如觅食、防御、攻击、情绪反应和生殖行为等）。海马还与学习记忆有关。由于边缘系统通过下丘脑影响一系列内脏神经活动，故有人将之称为内脏脑。

（3）帕佩茨环路：帕佩茨（Papez）曾提出情绪环路的概念。他认为扣带回、海马、穹窿、乳头体、丘脑前核、扣带回形成情绪反应的主要回路，新皮质可通过扣带回调节情绪反应，这条回路被称为帕佩茨环路。后来的研究发现，引起情绪反应的其他环路，从海马、杏仁核、下丘脑、前额叶、联合皮质、海马的神经通路对情绪反应具有更重要的作用。

（4）丘脑：丘脑是间脑中最大的核团，丘脑是外周传入大脑皮质的中继站。丘脑与大脑皮质间的往返纤维集中通过于内囊，然后分散投射至半球各皮质区，形成丘脑辐射。除嗅觉以外的其他所有感觉冲动在传入到大脑皮质特定的区域之前都要经过丘脑的特异性中继核团，再由中继核团发出的纤维形成特异性的投射系统。丘脑除是来自外周感受器的各种感觉冲动传入大脑皮质的中继站外，也对传入的感觉信息进行初步的加工整合。丘脑和大脑皮质间存在着广泛的往返联系，大脑皮质的下行纤维对丘脑有抑制作用。解除这种抑制可导致丘脑过度活动，产生感觉的过敏和异常。

（5）杏仁核：杏仁核（amygdala）是边缘系统的最重要的核团之一，附着在海马的末端，呈杏仁状，由中央核和外侧基底核组成。与面对环境时动物产生恐惧反应和逃跑行为有关，是增强惊跳反射最重要的脑区。

（6）海马：海马（hippocampus）是位于丘脑和大脑皮质之间的一个结构，是边缘系统最重要的结构。海马在学习记忆中起着信息筛选或调度的作用。海马头端主要通过旁嗅球联络大脑皮质不同感觉区，在特定种类的记忆保存和提取中起着重要的作用，是机体感觉和运动的整合区。海马接受各种形式的感觉（嗅觉、视觉、听觉和躯体感觉系统）传入冲动，发出的纤维广泛投射到新皮质和脑干中枢。海马神经元对伤害性刺激（疼痛）有反应，海马和情绪活动相关，又是学习、记忆的重要解剖基础和神经中枢，与近事记忆、情节记忆有关，还与认知功能关系密切。

（7）纹状体：尾状核（caudate nucleus）和壳核（putamen）合称为纹状体（striatum），是基底神经核的主要成分。纹状体中，壳核主要接受来自第一躯体感觉区（S1）和第一运动区（M1）的传入，加工来自于与感觉有关、经 S1 传入和 M1 中运动神经元传来的相对简单的信息；而尾状核则接受联络皮质来的纤维传入，与高级神经活动和情感活动有关。纹状体的边缘区与学习记忆脑区有密切联系，并具有调控的功能，可能是脑内一个新的学习记忆中枢。

（8）扣带回：扣带回（cingulate gyrus）是边缘系统的重要组成部分，位于大脑半球内侧面，扣带沟与胼胝体沟之间。扣带回与其他脑区之间有着广泛的联系（多为双向性），接受来自丘脑前核、新皮质的投射，同时也接受来自脑的体感系统的输入。参与多种个体及种族生存有关的功能以及情绪反应,与情感、学习和记忆密切相关。

(9)脑岛:脑岛(insular)是大脑皮质的一部分,它是向内凹陷的皮质区域,与额叶、顶叶、颞叶的皮质相连并被它们覆盖。脑岛具有多种不同的功能如记忆、驱动、情感及更高的味觉、嗅觉自主控制等,刺激脑岛在猴类引起面部及肢体运动反应;在人类引起内脏反应,也有人认为是味觉区。近年来的研究显示,脑岛除了参与情绪的调节之外,还有认知功能,特别是对言语材料的认知加工起作用。

7. 基底核　也称基底神经节(basal ganglia),是位于丘脑外侧的皮质下结构,由尾状核、壳核和苍白球组成。中脑的黑质和间脑的底丘脑与上述核团联系紧密且有重要的调控运动的功能,研究者们也将之归为基底核的范围。基底核在运动的计划阶段起重要作用,特别是这些运动涉及需要将若干单关节运动组合为复杂运动并将各种感觉刺激、记忆储存信息转换成合适的运动反应,基底核起着关键作用。

8. 小脑　位于大脑半球后方,覆盖在脑桥及延髓之上,横跨在中脑和延髓之间。小脑可分为左右小脑半球及中间的蚓部。按功能可将小脑分为前庭小脑或称古小脑(archicerebellum)、旧小脑(paleocerebellum)以及新小脑(neocerebellum)。前庭小脑主要接受来自前庭器官和前庭核的传入,有调整肌紧张、维持身体平衡的作用;旧小脑是种系发生较为古老的部分,主要功能是控制肌肉张力和协调性;而新小脑影响运动的起始、计划和协调,包括确定运动的感觉、力量、方向和范围等。小脑除了参与运动功能以外,与信息加工以及学习和记忆功能有关。

9. 大脑半球偏侧化

(1)概念:大脑侧性优势是指大脑功能的不对称性(asymmetry),其含义是大脑的复杂功能在左右半球之间有一定的分工。现代脑科学研究中谈到大脑侧性优势,即大脑功能不对称性时,更多地看成为大脑两侧半球功能是相互补充、相互制约、相互代偿的,大脑各种心理功能的完整反应都是两侧大脑半球协调活动的结果。

(2)利手:人在长期劳动和使用工具的过程中,一些日常活动习惯用一只手来进行,于是就有了人手的优势"利手"(handedness)的概念。关于利手形成的机制和大脑功能优势的关系,可分成两类:一类是强调先天遗传素质和结构上的原因;一类是强调后天环境、社会文化和功能上的因素。目前倾向于认为先天遗传素质和后天环境、教育训练两者在利手形成中都起作用。多数学者认为手的运动是随着大脑功能的发展而发展的。利手的形成随大脑功能的偏侧化而逐渐偏向一侧。

(3)人类大脑左右半球不对称性功能(表3-1)。

表3-1　人类大脑左右半球不对称性功能

功能	左半球	右半球
视觉	字母及单词识别	复杂图形及脸孔识别
听觉	言语性声音	环境声音及音乐
运动	复杂随意运动	运动模式的空间组织
语言	听说读写	
空间和数学能力	数学能力	几何学、方向感觉和心理旋转

（三）本章小结

心理是神经系统的功能，随着神经系统的发生、发育和衰老等自然变化，心理或行为也会从幼稚、成熟到退化不断发生变化。神经系统是由中枢神经系统和周围神经系统组成，是机体调节自身以适应外界环境的重要器官。中枢神经系统是感觉信息加工和行为整合的关键结构；而周围神经系统由接收感觉信息的传入神经、支配肌肉运动的传出神经的躯体神经系统以及调节内脏等自主活动的自主神经系统构成。

二、复习题

（一）单选题

1. 中枢神经系统
   A. 指端脑、间脑、小脑和脑干
   B. 包括脑和脊髓
   C. 指脊神经和脑神经
   D. 指脊髓和脑干

2. 脑干是由
   A. 丘脑、脑桥和延髓组成
   B. 中脑、脑桥和延髓组成
   C. 间脑、中脑和延髓组成
   D. 间脑、中脑和脑桥组成

3. 发育成人类的神经系统的是
   A. 外胚层
   B. 中胚层
   C. 内胚层
   D. 中胚层和内胚层

4. 大脑基底神经核**不包括**
   A. 尾状核
   B. 苍白球
   C. 海马
   D. 壳核

5. 外侧膝状体接受的是
   A. 深感觉的传导通路纤维
   B. 触觉的传导通路纤维
   C. 视觉的传导通路纤维
   D. 听觉的传导通路纤维

6. 动物产生惊跳反射的中枢位于
   A. 杏仁核
   B. 顶叶
   C. 前额叶
   D. 海马

7. 人类额叶的功能**不包括**
   A. 抽象思维
   B. 决策
   C. 逻辑关系的认知
   D. 工作记忆

8. 右侧大脑的功能是
   A. 字母及单词识别
   B. 言语性声音
   C. 听说读写
   D. 运动模式的空间组织

（二）名词解释

1. 神经功能联系失能

2. 侧支芽生

3. 去神经超敏性

4. 帕佩茨环路

5. 杏仁核

6. 中枢神经系统

7. Kennard 原则

(三)问答题

1. 什么是神经元的增殖与迁移?

2. 试述大脑皮质的分叶及其功能。

3. 前额叶皮质有什么功能?

4. 边缘系统的主要结构及其功能有哪些?

5. 脑损伤的可塑性表现有哪些方式?

6. 简述大脑两半球功能不对称性的研究结果。

7. 基底核与小脑在功能上的区别是什么?

三、参考答案

(一)单选题

1. B　2. B　3. A　4. C　5. D　6. A　7. C　8. D

(二)名词解释

1. 神经功能联系失能:脑损伤后出现的行为缺陷所反映的远多于受损细胞的功能。因为任何脑区的活动都会刺激其他脑区,因此损伤任何一个脑区都在一定程度上剥夺了对另一脑区的刺激,从而干扰它的正常功能,称为神经功能联系失能。

2. 侧支芽生:轴突受损后,那些失去了神经支配的细胞通过释放神经营养素来诱导其他轴突形成新的分支与空缺的突触接触,这就是"侧支芽生"(sprouting)。

3. 去神经超敏性:传入轴突被破坏后对神经递质的敏感性增加被称为去神经超敏性。这种超敏性的原因包括受体数量的增加以及受体效能的增加。

4. 帕佩茨环路:帕佩茨(Papez)曾提出情绪环路的概念。他认为扣带回、海马、穹窿、乳头体、丘脑前核、扣带回形成情绪反应的主要回路,新皮质可通过扣带回调节情绪反应,这条回路被称为帕佩茨环路。

5. 杏仁核:杏仁核(amygdala)是边缘系统的最重要的核团之一,附着在海马的末端,呈杏仁状,由中央核和外侧基底核组成。与面对环境时动物产生恐惧反应和逃跑行为有关,是增强惊跳反射最重要的脑区。

6. 中枢神经系统:是神经系统的主要部分,包括位于颅腔内的脑和位于椎管内的脊髓。脑又由端脑、间脑、中脑、脑桥、小脑和延髓6部分构成。

7. Kennard 原则:1938 年,Margaret Kennard 就指出,年轻的脑受损后的恢复要优于年老的脑,后人称之为"Kennard 原则"。

(三)问答题

1. 什么是神经元的增殖与迁移?

答:神经系统的形成与发育起始于胚胎早期,是一个从形态到组织发生的复杂变化过程。神经系统的变化贯穿于整个生命发展过程,这个变化是以神经细胞的增殖、迁移、分化、髓鞘化、突触增生以及细胞凋亡等一系列事件的发生为基础。①增殖:是指新的神经细胞的产生;在神经系统发育的早期,神经管壁的细胞开始分裂,一些细胞继续保持在原来的位置并不断分裂。一部分细胞变成原始神经元和神经节细胞。②迁移:是神经元移动到脑内的目的地,当细胞分化成为神经元和神经节细胞后就开始沿着不同的方向迁移,一些沿着放射线方向从深部移动到脑的表面;一些沿着脑表面向不同的方向移动。

2. 试述大脑皮质的分叶及其功能。

答：每侧半球有 3 条较大的大脑沟把大脑划分为 5 个大脑叶：①额叶：中央沟以前和外侧沟以上的部分；②颞叶：外侧沟以下的部分；③枕叶：位于大脑内侧、顶枕沟后方；④顶叶：位于外侧沟上方、中央沟后方、顶枕沟前方；⑤脑岛：被埋于外侧沟的底部，表面被额叶、顶叶、颞叶所覆盖的那一部分大脑皮质。大脑皮质各叶具有一些彼此独立的功能，其中额叶与思维、智能和行为有关；颞叶与听觉、嗅觉和记忆有关；枕叶和脑岛分别是视觉和味觉的中枢；而顶叶则与人的空间感觉有关。

3. 前额叶皮质有什么功能？

答：前额叶皮质可能是执行控制功能的关键结构。前额叶工作记忆过程由于能满足执行控制所需的特性（信息的暂时性存储、提取、加工），被认为是执行控制的重要神经基础。研究结果表明，前额叶损伤的患者会出现智力、推理或社交等障碍。如无法从事计划组织活动、容易分心或无法转移注意力；虽然短时存储表现正常，但是做决定、分类转换任务时，作业成绩较低；且有易冲动、激惹、欣快和社会责任感下降等行为表现。

4. 边缘系统的主要结构及其功能有哪些？

答：根据进化和功能的区分，人们将大脑半球内侧面胼胝体周围和侧脑室下角底壁周围的弧形部分称为边缘叶。它们包括隔区（胼胝体下区和终纹旁回）、扣带回、海马旁回、海马和齿状回等。边缘叶和有关的皮质下结构包括杏仁核、下丘脑、上丘脑、背侧丘脑前核和中脑被盖等，合称为边缘系统。边缘系统是低等动物获得应对环境变化经验的最高中枢，与嗅觉与内脏活动有密切关系，并参与个体生成和种族繁衍功能（如觅食、防御、攻击、情绪反应和生殖行为等）。海马还与学习记忆有关。由于边缘系统通过下丘脑影响一系列内脏神经活动，故有人将之称为内脏脑。

5. 脑损伤的可塑性表现有哪些方式？

答：可塑性在这里是指有功能分区的脑系统受损后，对它的相关行为活动类型长期改变的预期。已有的研究表明，虽然切除的神经元不会再生（如脊髓离断后导致永久性截瘫），但神经组织能以重组来应答损伤。具体可表现为：①神经功能联系失能：任何脑区的活动都会刺激其他脑区，因此损伤任何一个脑区都在一定程度上剥夺了对另一脑区的刺激，从而干扰它的正常功能。使用刺激性药物增加对脑的刺激可能有助于康复。②轴突的再生：虽然已被损坏的细胞体不能恢复，但受损的轴突在某些情况下可以再生长。③侧支芽生：轴突受损后，那些失去了神经支配的细胞通过释放神经营养素来诱导其他轴突形成新的分支与空缺的突触接触，这就是"侧支芽生"（sprouting）。④去神经超敏性：传入轴突被破坏后对神经递质的敏感性增加被称为去神经超敏性。这种超敏性的原因包括受体数量的增加以及受体效能的增加。受体效能的增加可能是由于第二信号系统变化引起的。⑤感觉代表区的重组：生活经历能改变大脑皮质的连接以增加其对重要信息的表征，这被称为重组。

6. 简述大脑两半球功能不对称性的研究结果。

答：大脑功能的不对称性，其涵义是大脑的复杂功能在左右半球之间有一定的分工。现代脑科学研究中谈到大脑功能不对称性时，更多地看成为大脑两侧半球功能是相互补充、相互制约、相互代偿的，大脑各种心理功能的完整反应都是两侧大脑半球协调活动的结果。大脑两半球不对称性功能概括见表 3-2。

表 3-2　大脑两半球不对称性功能

功能	左半球	右半球
视觉	字母及单词识别	复杂图形及脸孔识别
听觉	言语性声音	环境声音及音乐
运动	复杂随意运动	运动模式的空间组织
语言	听说读写	
空间和数学能力	数学能力	几何学、方向感觉和心理旋转

7. 基底核与小脑在功能上的区别是什么？

答：小脑分为前庭小脑或称古小脑、旧小脑以及新小脑。前庭小脑主要有调整肌紧张、维持身体平衡的作用；旧小脑主要的功能是控制肌肉张力和协调性；而新小脑会影响运动的起始、计划和协调，包括确定运动的感觉、力量、方向和范围等。小脑除了参与运动功能以外，与信息加工以及学习和记忆功能有关。基底核主要控制肌紧张，使肌肉活动适度、与躯体运动有密切关系，参与随意运动的稳定。基底核在运动的计划阶段起重要作用，特别是这些运动涉及需要将若干单关节运动组合为复杂运动并将各种感觉刺激、记忆储存信息转换成合适的运动反应，基底核起着关键作用。

（朱熊兆）

第四章　神经元的生物电活动与信息交流

一、教材精要

（一）内容简介

本章以神经元与突触基本结构为基础，重点介绍了神经元的生物电信号产生及其传导特性、神经电信号的传递、受体与信号转导等相关知识。

（二）教材知识点

1. 神经元与突触

（1）神经系统的细胞构成：神经组织的细胞主要有神经元和神经胶质细胞，神经元是构成神经系统的结构和功能的基本单位，神经元之间又以突触的方式相互联系，构成神经网络。

（2）神经元的结构：除胞体外，还有树突和轴突两类突起，通常树突接受信息、轴突传出信息。

（3）神经元的分类：根据功能可将神经元分为初级感觉神经元、运动神经元和中间神经元三类。

（4）神经元的结构特征：细胞质中有尼氏体，树突上的特征性结构是"树突棘"，轴突的始段没有髓鞘且兴奋性最高，轴突可被髓鞘包裹成有髓纤维，轴突末梢有突触终扣。

（5）神经胶质细胞：中枢神经系统中有星形胶质细胞、少突胶质细胞和小胶质细胞三种；周围神经系统有施万细胞。神经胶质细胞的功能非常广泛，也是神经系统发挥正常功能所需要的成分。

（6）突触：是神经元之间进行信息传递的特异性功能接触部位，根据其信息传递机制可分为化学突触和电突触两类。

（7）化学突触：化学突触的结构由突触前成分（特征是有含神经递质的突触囊泡）、突触间隙和突触后成分（特征是突触后膜上有神经递质的特异性受体）组成。

（8）电突触：电突触的特征是突触间隙仅 2~3nm，突触前膜和突触后膜上都排列着由多个圆柱状半通道围成的亲水性孔道，两侧准确对接形成缝隙连接通道。

2. 神经元的生物电活动

（1）神经元生物电记录技术：有细胞外记录、细胞内记录、电压钳记录和膜片钳记录，以及光学记录等。

（2）静息电位（RP）：是静息状态下神经元膜内外两侧的电位差，主要由 K^+ 平衡电位（E_K）决定，但也受 Na^+ 平衡电位（E_{Na}）和生电性 Na^+-K^+ 泵的影响。

（3）动作电位（AP）：是神经元受到有效刺激时，膜电位的去极化而呈现快速的上升支，接着又迅速地复极化构成下降支的变化过程。具有全或无、不衰减传导和不可叠加特征。动作电位是神经元兴奋的标志。

（4）动作电位的上升支：主要由再生性 Na^+ 内流、下降支主要由 K^+ 外流所致。有的神经元可能还涉及多种离子通道介导的离子电流。

（5）神经电信号是指神经元在静息电位基础上所发生的膜电位变化，有局部电位和动作电位两种。

（6）局部电位是指阈下刺激引起少量 Na^+ 通道开放、Na^+ 内流所致局部去极化的反应，有感受器电位、突触电位等多种形式，具有等级性、局限性、总和性特征。其中总和性又有空间总和与时间总和两种，并具有重要的信息整合意义。局部电位通常指去极化局部电位，可提高神经元兴奋性，达到阈电位水平而触发动作电位；超极化局部电位则降低神经元兴奋性。

（7）阈电位：是可触发动作电位的神经元膜去极化临界电位，通常为静息电位去极化 $10\sim20mV$。

（8）兴奋性：是神经元接受刺激产生动作电位的能力，通常用阈电位来表征，阈电位与兴奋性呈反比。

（9）动作电位通过局部电流机制在同一神经元上进行传导。传导具有不衰减性、双向性以及跳跃式传导等特征。

3. 神经元的信息交流

（1）神经信息是指神经生物电活动所携带的信号意义，动作电位是神经信息编码的基本单元。通常单个神经元通过动作电位的发放频率和模式来编码神经信息。

（2）神经元间的信息交流借助神经电信号的传递完成，主要方式有化学突触传递、电突触传递，以及非突触性传递。

（3）化学突触传递是一种电 - 化学 - 电传递，其中通过囊泡循环机制完成的神经递质释放是关键，具有钙离子依赖性和量子释放的特点。

（4）突触后电位有去极化的兴奋性突触后电位（EPSP）和超极化的抑制性突触后电位（IPSP），前者由兴奋性递质、受体介导，后者由抑制性递质、受体介导。

（5）化学突触传递的细胞电生理特征有：①刺激强度依赖性（等级性）；②突触延搁；③高频刺激脱失现象；④低钙高镁或无钙溶液可逆性取消作用；⑤河鲀毒素（TTX）可逆性取消作用；⑥伴有膜电阻改变；⑦与膜电位水平有关；⑧与细胞内外的离子浓度有关；⑨有特异性递质与受体类型，以及相应的信号转导机制。

（6）突触电位在性质、空间、时间上的相互作用称为突触整合，是神经元间信息交流和处理的基本方式之一。

（7）神经递质和调质都是由神经末梢释放的生物活性物质，前者完成信息传递功能，后者具有间接调制神经递质作用的功能。

（8）神经肽既可以发挥神经递质的作用，也可以产生神经调质甚至是激素的作用。

（9）受体是能与生物活性物质（如神经递质、激素等）结合并向胞内转发信息、引起生物学效应的生物大分子，一般分为离子通道型受体、G 蛋白偶联受体、酶联型受体、招募型受体和核受体等类型。

（10）离子通道型受体本身即为离子通道，配体与之结合即导致离子通道开放，选择性离子跨膜移动而改变膜电位，通常介导神经电信号的快突触传递。

（11）G蛋白偶联受体被激活后必须经过G蛋白的转导,甚至通过第二信使系统才能产生生物学效应,所以产生比较缓慢而持久的反应,通常介导神经电信号的慢突触传递。

（12）神经元细胞内外的信息交流通过信号转导机制完成,受体间的交互作用也是神经信息整合的重要机制之一。

（13）神经电信号的传递可以受到多种方式的调制,常见的有突触后机制、突触前机制、突触间隙机制,以及可塑性调制和生物活性物质的调制等。

（14）除了神经电信号传递信息外,由内分泌系统产生的激素、其他细胞产生的细胞因子也可传递生物信息。

（三）本章小结

本章对神经电信号的产生、传播和信息交流等相关知识作了介绍,重点介绍了神经电信号的产生和传递的细胞电生理机制,这些知识是理解脑的高级功能、心理活动过程和机制的前提,重点要掌握相关概念和基本机制,以便进一步学习生理心理学知识,也为以后开展生理心理学研究奠定基础。

二、复习题

（一）单选题

1. 构成神经系统的结构和功能的基本单位是
   A. 神经胶质细胞 　　　　　　　　　　　B. 神经细胞
   C. 中间神经元 　　　　　　　　　　　　D. 施万细胞

2. 动作电位不因增加刺激频率而融合是由于
   A. 动作电位的产生是全或无的
   B. 动作电位的传导是全或无的
   C. 绝对不应期的持续时间相当于前次产生动作电位主要部分的持续时间
   D. 动作电位去极相内流的Na^+来不及恢复原膜内外浓度差

3. 通常神经元首先暴发动作电位的部位在
   A. 树突 　　　　　　　　　　　　　　　B. 胞体
   C. 轴突始段 　　　　　　　　　　　　　D. 轴丘

4. 在周围神经系统的神经胶质细胞有
   A. 施万细胞 　　　　　　　　　　　　　B. 星形胶质细胞
   C. 少突胶质细胞 　　　　　　　　　　　D. 小胶质细胞

5. 化学突触的构成是
   A. 突触前膜、突触后膜和受体
   B. 突触前成分、突触后成分和突触间隙
   C. 突触囊泡、受体和突触间隙
   D. 神经递质、突触后致密质、受体

6. 以下生物电记录方法中能够记录到神经元静息电位的是
   A. 单通道记录 　　　　　　　　　　　　B. 细胞外记录
   C. 电压钳记录 　　　　　　　　　　　　D. 细胞内记录

7. 决定神经元静息电位的平衡电位的主要离子是
   A. K^+ 　　　　　　　　　　　　　　　B. Na^+

27

C. Ca^{2+} D. Mg^{2+}

8. 引起电压门控 Na^+ 通道对 Na^+ 通透性突然增加的临界膜电位是
   A. 静息电位   B. 局部电位
   C. 阈电位   D. 动作电位

9. 膜内外浓度之比可决定神经元锋电位幅度的离子是
   A. 钾离子   B. 氯离子
   C. 镁离子   D. 钠离子

10. 具有"全或无"特征的神经电信号是
    A. 终板电位   B. 锋电位
    C. 突触后电位   D. 局部电位

11. 神经元膜对 Na^+ 通透性增高而对 K^+ 通透性不变时可出现
    A. 去极化   B. 超极化
    C. 膜电位无变化   D. 复极化

12. 神经细胞内能使功能蛋白磷酸化的酶是
    A. 磷脂酶C   B. 磷酸二酯酶
    C. 腺苷酸环化酶   D. 蛋白激酶

13. 能激活蛋白激酶C的细胞内第二信使主要是
    A. cAMP   B. IP_3
    C. DG   D. Ca^{2+}

14. 不属于第二信使的物质是
    A. 肾上腺素   B. cAMP
    C. IP_3 D. DG

15. 神经递质释放的囊泡循环机制包括
    A. 入胞、入坞、出胞、启动、再生   B. 再生、出胞、启动、入坞、入胞
    C. 入坞、启动、出胞、入胞、再生   D. 出胞、再生、启动、入胞、入坞

16. 神经递质释放过程主要依赖的离子是
    A. Na^+ B. Mg^{2+}
    C. K^+ D. Ca^{2+}

17. 神经递质一般分为
    A. 乙酰胆碱、肾上腺素、谷氨酸   B. NO、乙酰胆碱、神经肽
    C. "经典"递质、候选递质、神经肽   D. 胆碱类、单胺类、神经肽类

18. 神经肽的作用是
    A. 神经递质   B. 神经调质
    C. 激素   D. 神经递质、调质和激素

19. 目前认为介导最重要的细胞内信号转导通路的受体是
    A. 酶联型受体   B. 招募型受体
    C. 离子通道型受体   D. G蛋白偶联受体

20. 神经电信号传递的调制机制有
    A. 突触后、突触前、突触间隙、突触可塑性、生物活性物质调制
    B. 神经递质、激素、细胞因子、免疫因子

C. 乙酰胆碱、去甲肾上腺素、谷氨酸、神经肽

D. PKC、PKA、PKG、NO

（二）名词解释

1. 静息电位

2. 动作电位

3. 局部电位

4. 阈电位

5. 兴奋性

6. 兴奋性突触后电位

7. 抑制性突触后电位

8. 神经递质

9. 调质

10. 神经肽

11. 量子释放

12. 突触整合

13. G蛋白偶联受体

14. 离子通道型受体

15. 神经激素

（三）问答题

1. 神经元主要有哪些结构？可分为哪些类型？

2. 什么是突触？突触有哪些类型？

3. 试述化学突触的结构特征。

4. 不同生物电记录技术各有何特点？

5. 什么是静息电位？其产生的离子机制如何？

6. 何谓动作电位？试述其特征和产生机制。

7. 试述局部电位的概念、特征和类型。

8. 什么是化学突触传递？其机制如何？

9. 试比较 EPSP 和 IPSP 的特征。

10. 化学突触传递有哪些细胞电生理特征？

11. 什么是神经递质？有哪些种类？

12. 神经肽与经典递质主要有哪些区别？

13. 离子通道型受体有何特点？在神经电信号传递中有何意义？

14. 为什么G蛋白偶联受体通常介导慢突触传递？

15. 突触传递的调制有哪些方式？

16. G蛋白介导的信号转导通路有哪些？涉及哪些第二信使物质？

17. 激素有哪些作用特点？

三、参考答案

（一）单选题

1. B　2. C　3. C　4. A　5. B　6. D　7. A　8. C　9. D　10. B

11. A　　12. D　　13. C　　14. A　　15. C　　16. D　　17. C　　18. D　　19. D　　20. A

（二）名词解释

1. 静息电位：静息电位（RP）是静息状态下神经元膜内外两侧的电位差。

2. 动作电位：动作电位（AP）是神经元受到有效刺激时，膜电位的去极化呈现快速的上升支，接着又迅速地复极化构成下降支的变化过程。

3. 局部电位：局部电位是指阈下刺激引起少量 Na^+ 通道开放、Na^+ 内流所致局部去极化的反应。

4. 阈电位：阈电位是可触发动作电位的神经元膜去极化临界电位。

5. 兴奋性：兴奋性是神经元接受刺激产生动作电位的能力。

6. 兴奋性突触后电位：兴奋性突触后电位（EPSP）是通过突触传递引起突触后膜的去极化反应。

7. 抑制性突触后电位：抑制性突触后电位（IPSP）是通过突触传递引起突触后膜的超极化反应。

8. 神经递质：神经递质是指由神经末梢（突触前成分）所释放的、用以完成神经信息传递功能的特殊化学物质。

9. 调质：调质是神经元所产生的另一类生物活性物质，它本身并不能直接跨突触进行信息传递，只能间接调控神经递质的作用。

10. 神经肽：神经肽是储存于突触囊泡内的多肽类物质，具有神经递质、调质的生物学活性，有时也可有激素样作用。

11. 量子释放：量子释放是指神经递质以囊泡为单位进行释放的方式，每一囊泡含有大致相同的神经递质分子数（量子），一次动作电位诱发成批的囊泡释放。

12. 突触整合：突触整合是指突触电位在性质、空间、时间上的相互作用。

13. G 蛋白偶联受体：G 蛋白偶联受体是一种通过与之偶联的 G 蛋白进行信号转导的受体。

14. 离子通道型受体：离子通道型受体是一种具有信号转导功能的离子通道。

15. 神经激素：神经激素由神经末梢分泌、经血液运输到靶器官发挥作用的信使物质。

（三）问答题

1. 神经元主要有哪些结构？可分为哪些类型？

答：（1）神经元由胞体（soma）、树突（dendrite）和轴突（axon）构成。

（2）通常按神经元的形态（突起为主）和功能进行划分：①根据神经元突起的数量分为单极、双极和多极神经元；②根据树突是否有棘分为有棘和无棘神经元；③按树突的构型分为同类树突（有直的、多向放射、带有少量侧棘的树突）、异类树突（有短而波状、分支多而密并局限于一定范围的树突）和特异树突（树突模式特殊）神经元；④根据轴突的长短分投射神经元和局部环路神经元；⑤根据功能联系分为初级感觉神经元（primary sensory neuron）、运动神经元（motoneuron）和中间神经元（interneuron）；⑥根据神经元的作用分为兴奋性神经元和抑制性神经元；⑦根据所含神经递质分为胆碱能、单胺能、氨基酸能和肽能神经元等。

2. 什么是突触？突触有哪些类型？

答：（1）突触（synapse）是神经元与神经元及其他组织之间进行信息传递的功能连接部位。

（2）按传递机制分化学突触和电突触。化学突触（chemical synapse）是指通过递质（transmitter）传递信息的突触，由突触前成分、突触后成分和突触间隙构成。电突触（electric synapse）也称缝隙连接（gap junction），电阻抗很低，以电耦合（electric coupling）传递电信号。

3. 试述化学突触的结构特征。

答：化学突触（chemical synapse）由突触前成分、突触后成分和突触间隙构成。突触前成分是神经末梢的终扣，具有大量由单位膜形成的、内含递质的囊泡（vesicle）。突触间隙是指突触前膜和突触后膜之间的空隙，中枢神经系统的突触间隙一般为 10~30nm，周围神经系统的突触间隙可达 50~60nm。突触间隙含有电子致密物质，能结合递质并向突触后膜转运。突触后成分可以是神经元的树突、胞体或轴突，也可以是效应器细胞（如肌肉、腺体）等。突触后成分包括突触后膜、突触下网、突触下致密小体等。突触后膜（postsynaptic membrane）是突触后成分细胞质膜的延续，但在胞质面有比突触前膜更明显的致密物质聚集，称突触后致密质（postsynaptic density, PSD），形成了"增厚膜"的形态。PSD 是作为信息传递基础的特化结构，突触后膜上的受体也与 PSD 相关联，所以 PSD 对突触活动的实现和调节具有重要的意义。突触后膜上与信息传递直接有关的是受体蛋白、通道蛋白，还有使神经递质失活的酶类，如胆碱酯酶等。

4. 不同生物电记录技术各有何特点？

答：（1）细胞外记录（extracellular recording）：是将记录微电极插至神经细胞附近（不进入细胞内），当细胞产生电活动时，可记录到电极所在处与参考电极（通常在灌流液中并接地）之间的电位变化。细胞外记录不能精确观察神经元的正常极化状态（静息电位），所记录的电位幅度小（μV 级）、波形随记录位置（相对于电源或电穴的位置）的改变而不同，主要记录和分析放电的频率和潜伏期，是一种脉冲式信号记录，获得的信息量较少。

（2）细胞内记录（intracellular recording）：是将一根电极置于细胞外作为参考电极，通过插入神经细胞内的玻璃微电极（尖端直径 <1μm），记录膜内外的电位差。由于细胞膜具有相对于溶液来说很大的电阻值，在电学上隔离了细胞内外，故细胞内记录的信号幅度较大（数毫伏至百余毫伏），属于单细胞记录（细胞间有电突触存在的情况除外）。同时，细胞内记录是跨膜电位记录，较细胞外记录能获得更多的信息量，不仅可以精确记录静息电位、分析膜的电学特性，还可以进行电压钳记录，分析膜电流、离子通道活动等。

（3）电压钳（voltage clamp）记录：是在监测到的瞬时膜电位与设定的指令电压（command voltage）有差异时，用负反馈放大器向细胞内注入相应极性的电流使之恢复到指令电压水平，进而保持膜电位不变（电压钳或电压固定），而记录到的注入电流应与引起膜电位波动的跨膜离子电流大小相等、方向相反，故用记录此注入电流的方法来代表跨膜离子电流（膜电流），即为膜电流记录。

（4）膜片钳（patch clamp）记录技术：即对电极尖端吸附的细胞膜片进行膜电流记录的技术，若记录的是单个离子通道活动，即为单通道记录（single channel recording）。膜片钳技术与细胞内记录相比，主要是电极尖端阻抗较小，有较强的电流注入能力，同时膜片钳放大器是一种高增益低噪声的电流 - 电压转换器，可以测量微弱到 0.06pA 的电流，是进行离子通道功能分析的极好方法。

（5）光学记录（optical recording）：是一种将电压敏感的染料施加到拟记录的细胞内，而电压敏感染料的光信号与膜电位及其变化在一定范围内呈线性关系，通过光学监测系

第四章 神经元的生物电活动与信息交流

统对光学信号进行监测记录，就可反映生物电的变化。生物电的光学记录技术，不仅是无创性检测，而且对不易进行细胞内记录的小细胞甚至是突起末梢的电活动均可进行记录观察，同时光学记录在具备较好的时间分辨率基础上，又具备了较好的空间分辨率，对神经电信号的产生和传播的研究、群体同类细胞电变化、在体神经电信号的研究等尤显优势。

5. 什么是静息电位？其产生的离子机制如何？

答：（1）静息电位（resting potential，RP）是指静息状态下神经元膜内外的电位差。以相对细胞外为零电位的膜内电位表示，为 $-90\sim-70\text{mV}$，这种外正内负的状态称为极化（polarization）。

（2）静息电位的形成，是由于神经元通过离子泵（主要是 Na^+-K^+ 泵）和离子缓冲机制，主动地将 K^+ 浓集于细胞内，而将 Na^+、Cl^- 和 Ca^{2+} 排出细胞外，导致其胞内外浓度的明显差异。同时，在静息时神经元膜主要对 K^+ 有通透性。这样，胞内高浓度的 K^+ 要顺浓度差通过 K^+ 通道向胞外扩散，而有机阴离子却不能透过细胞膜，K^+ 跨膜移动导致胞内负电性增加，这一电位梯度则对胞外的 K^+ 产生电性吸引而抵消浓度梯度驱使的 K^+ 外流，在两种作用力相平衡时 K^+ 的跨膜净移动为零，此时的膜电位即为 K^+ 的平衡电位（E_K），所以静息电位主要是由 E_K 决定的。同时，也受 Na^+ 平衡电位（E_{Na}）和生电性 Na^+-K^+ 泵的影响。

6. 何谓动作电位？试述其特征和产生机制。

答：（1）动作电位（action potential，AP）是给予有效刺激时，静息细胞膜的极化状态被取消（去极化）而呈现快速的上升支，并超过 0mV 电位水平（超射），随后迅速恢复构成下降支，甚至降到更负的电位水平（超极化）的变化过程，可作为神经元兴奋的标志。

（2）动作电位具有如下特征：①"全或无"现象（all-or-none）：即同一细胞动作电位的大小形态不随刺激强度而改变；②全幅式传导性：即动作电位在同一神经元上长距离传导时，其幅度不衰减；③不可叠加性：在产生动作电位期间，由于不应期的存在，不出现总和或叠加现象。

（3）动作电位的产生机制：神经元受到有效刺激后，静息膜被去极化到 $-55\sim-45\text{mV}$ 时可触发动作电位，先引起一个大而短暂的 Na^+ 进细胞（I_{Na}）的内向电流，并跟随一个持久的、K^+ 出细胞（I_K）的外向电流。I_{Na} 的激活快于 I_K（又称作延迟整流 K^+ 电流），I_{Na} 短暂且可失活，但 I_K 持久而不失活。由于 Na^+ 通道失活的发生慢于激活，在此时段，就有 Na^+ 的大量内流。这种内流的 Na^+，又进一步使膜去极化，并激活更多的 Na^+ 通道，这种再生性正反馈过程，使膜电位迅速达到超射水平。随着去极化使越来越多 Na^+ 通道失活和 K^+ 通道激活而转入复极化过程，在浓度差和电位差的共同作用下大量 K^+ 外流，使膜电位恢复到静息电位水平，以备产生下一次动作电位。

7. 试述局部电位的概念、特征和类型。

答：（1）局部电位（localized potential）通常指阈下刺激引起少量 Na^+ 通道开放、Na^+ 内流所致局部去极化的反应。

（2）局部电位的特征：①等级性（graded）：指反应程度随刺激强度变化而改变；②局限性（localized）：指只引起局部的电紧张；③总和性（summation）：即局部电位可以相加或相减，并可再分为空间总和与时间总和。

（3）除了阈下刺激引起的局部电位外，还有感受器电位、突触后电位（postsynaptic

32

potential）、效应器电位（effector potential）等。

8. 什么是化学突触传递？其机制如何？

答：（1）化学突触传递（chemical synaptic transmission）指突触前神经元产生的动作电位，诱发突触前膜释放神经递质，跨突触间隙作用于突触后膜，进而改变突触后神经元的电活动，故又称为电 - 化学 - 电传递。

（2）化学突触传递的机制为：轴突末梢兴奋→突触前膜释放神经递质→递质经过突触间隙扩散并作用于突触后膜受体→后膜对离子通透性改变，产生跨膜离子电流→局部电位为突触后膜去极化（EPSP）→轴突始段产生动作电位→兴奋扩布至整个突触后神经元。若局部电位为突触后膜超极化（IPSP），则产生突触后抑制作用。

9. 试比较 EPSP 和 IPSP 的特征。

答：EPSP 即兴奋性突触后电位（excitatory postsynaptic potential），指突触后膜在神经递质作用下产生的局部去极化电位变化。特征为突触前膜释放的是兴奋性递质，离子机制主要是突触后膜对 Na^+ 和 K^+（主要是 Na^+）的通透性升高，产生去极化反应，传递结果为突触后神经元兴奋。

IPSP 即抑制性突触后电位（inhibitory postsynaptic potential），指突触后膜在神经递质作用下产生的局部超极化电位变化。特征为突触前膜释放的是抑制性递质，离子机制主要是突触后膜对 Cl^- 和 K^+（主要是 Cl^-）的通透性升高或 Na^+、Ca^{2+} 通道关闭→产生超极化反应，传递结果为突触后神经元抑制。

10. 化学突触传递有哪些细胞电生理特征？

答：化学突触传递的细胞电生理特征有：①刺激强度依赖性（等级性）；②突触延搁；③高频刺激脱失现象；④低钙高镁或无钙溶液可逆性取消作用；⑤河鲀毒素（TTX）可逆性取消作用；⑥伴有膜电阻改变；⑦与膜电位水平有关；⑧与细胞内外的离子浓度有关；⑨有特异性递质与受体类型，以及相应的信号转导机制。

11. 什么是神经递质？有哪些种类？

答：（1）神经递质是指由神经末梢（突触前成分）所释放的特殊化学物质，该物质能作用于神经元或效应器（突触后成分）膜上的特异性受体，完成神经信息传递功能。

（2）神经递质一般分为三类：①"经典"的神经递质：是贮存在神经末梢囊泡中的低分子物质，包括乙酰胆碱（acetylcholine，ACh）、去甲肾上腺素（norepinephrine，NE）、肾上腺素、多巴胺（dopamine，DA）、5- 羟色胺（5-HT）、组胺、腺苷三磷酸（ATP），以及谷氨酸（glutamate，Glu）、γ- 氨基丁酸（γ-aminobutyric acid，GABA）和甘氨酸（glycine，Gly）等。②神经肽：是储存于突触囊泡内的大分子物质，如速激肽、阿片肽、胆囊收缩素、神经降压素等多肽。③一些特殊的或有待确定的候选递质：如一氧化氮（NO）、一氧化碳（CO）、腺苷等。

12. 神经肽与经典递质主要有哪些区别？

答：在生物合成、储存、释放、清除以及分子结构和作用方式上，神经肽都与经典递质不同。如与经典递质相比，神经肽属于大分子物质，合成复杂且不能在神经末梢中合成，通常也没有重摄取作用，高频或串刺激是神经肽释放的最佳刺激，呈间断性释放，消除主要靠扩散稀释和酶解，神经肽不仅可发挥神经调质作用，也可具有神经递质的作用，甚至是激素样作用。

13. 离子通道型受体有何特点？在神经电信号传递中有何意义？

答:(1)特点:离子通道型受体本身即为离子通道,配体与之结合即导致离子通道开放,选择性离子的跨膜移动而改变膜电位,进而迅速改变细胞的兴奋性,是反应最迅速的一类受体。

(2)离子通道型受体是直接将胞外或胞内化学信号转化为电学效应,而神经元的生物学效应通常就表现为生物电活动,故离子通道型受体成为神经电信号在神经通路中进行快速传递的合适机制。例如,突触前膜释放谷氨酸激活突触后膜的 iGluRs、5-HT 激活 5-HT$_3$R、ACh 激活 nAChR,均通过非选择性的阳离子通道开放,在生理条件下出现阳离子(Na$^+$)内流为主的跨膜电流,导致细胞膜去极化产生快 EPSP,升高神经元的兴奋性。反之,突触前膜释放 GABA 或甘氨酸,激活突触后膜的 GABA$_A$R 或 GlyR,开放 Cl$^-$ 通道,在生理条件下出现 Cl$^-$ 内流,导致细胞膜超极化产生快 IPSP,降低神经元的兴奋性。

14. 为什么 G 蛋白偶联受体通常介导慢突触传递?

答:由于 GPCR 最显著的特征是受体被激活后必须经过 G 蛋白的转导,甚至通过第二信使系统,才能产生生物学效应,所以产生比较缓慢而持久的反应。在神经系统的突触传递中,一些 GPCR 可通过 G 蛋白或经其转导而影响离子通道的活动,进而产生慢的突触后反应,成为神经信号慢突触传递的主要机制。GPCR 通过 G 蛋白对离子通道活动的调制,有直接的作用即 G 蛋白直接门控(如毒蕈碱型 AChR 激活的内向整流钾通道)或调节离子通道的活动,也有间接的作用,即 G 蛋白激活胞内信号转导通路,通过第二信使系统及其下游通路如蛋白激酶,再对离子通道进行磷酸化调节,或者是第二信使直接门控离子通道。

15. 突触传递的调制有哪些方式?

答:各种因素只要影响到突触传递过程的任一环节,就可改变突触传递的效能,即发挥调制作用:

(1)突触后机制(postsynaptic mechanism):发生在突触后膜的调制,如突触后电位的整合等。

(2)突触前机制(presynaptic mechanism):通过改变突触前递质的释放来影响突触传递的效能。

(3)突触间隙机制:通过影响突触间隙中递质的作用而改变突触传递的作用,如胆碱酯酶抑制剂对神经 - 肌肉接头传递的影响,神经递质重摄取抑制剂对突触传递的影响等。

(4)突触可塑性(synaptic plasticity)机制:指突触前膜的重复刺激导致突触传递效能的改变。

(5)内源性神经活性物质或药物的调制:可以通过突触前、突触后或突触间隙机制等,影响突触传递的效能。

16. G 蛋白介导的信号转导通路有哪些? 涉及哪些第二信使物质?

答:(1)GPCR 通过 G 蛋白介导的主要胞内信号转导通路有:① G 蛋白(激活型 G$_s$,抑制型 G$_i$)—腺苷酸环化酶(AC)—环磷酸腺苷(cAMP)—蛋白激酶 A(PKA)通路;② G 蛋白(转导蛋白 G$_t$)—环磷酸鸟苷(cGMP)- 磷酸二酯酶(PDE)—分解 cGMP 通路;③ G 蛋白(如 G 或 G$_q$)—磷脂酶 C(PLC)—三磷酸肌醇(IP$_3$)/ 二酰甘油(DG)—Ca^{2+}/ 蛋白激酶 C(PKC)通路;④ G 蛋白(如 G$_o$)—磷脂酶 A$_2$(PLA$_2$)—花生四烯酸(AA)通路;⑤ G 蛋白还可以直接或间接地调节离子通道中介的信号转导过程等。

(2)G 蛋白激活效应器酶产生胞内的第二信使,目前比较公认的有 cAMP、cGMP、IP$_3$ 和

DG、Ca^{2+}、AA 及其代谢产物等。

17. 激素有哪些作用特点?

答:激素的作用具有特异性(指对含有其受体的靶细胞起作用)、高效性(信号转导通路的生物放大作用)和相互作用(激素间存在协同、拮抗和允许作用)等特性。

(汪萌芽)

第五章　感知觉生理心理(一)

一、教材精要

(一)内容简介

本章介绍了听觉感受器的结构、听觉传导通路及脑结构、听觉刺激及其加工,以及味觉、嗅觉、机械感觉的相关知识;前庭觉、躯体觉、痛知觉的概念;前庭器官的功能、痛觉的分类、躯体觉传导通路及疼痛的闸门控制学说的相关知识。

(二)教材知识点

1. 听觉感受器的结构　听觉器官由外耳、中耳和内耳组成。外耳是指能从人体外部看见的耳朵部分,包括耳郭和外耳道,是聚音装置。中耳是鼓膜后面、耳蜗前面的鼓室,鼓室内有锤骨、砧骨和镫骨3块听骨。3块听骨互相连接组成听骨链。锤骨的长柄同鼓膜相连,镫骨的末端底板嵌在内耳的前庭窗内,共同形成一个传递声波的杠杆。当声波振动鼓膜时,三块听小骨发生连锁性运动,从而使镫骨底板在前庭窗上振动,将声波的振动从外耳传入内耳。内耳迷路器官由三个半规管、前庭和耳蜗组成,为感音装置。前庭是前庭窗内微小的、不规则开关的空腔,前庭与半规管内有平衡觉感受器,能感知各方面的运动,调节身体平衡。

2. 听觉传导通路及脑结构

(1)耳蜗的声音传递:声音刺激经过外耳道—鼓膜—听骨链—卵圆窗膜—前庭阶外淋巴产生行波,再从基底膜的底部向顶部传递。耳蜗通过压 - 电换能,可以将声波的振幅与频率编码成听神经的动作电位。螺旋器通过耳蜗神经节将听觉信息传递到大脑。耳蜗神经节由于耳蜗的形状致使其神经节内的细胞体呈螺旋状排列,因此又称螺旋神经节,是听觉神经的一部分。这些神经元由细胞体的两端伸出轴突,使之可以具有持续的动作电位。每个耳蜗神经大约包含着 5 万个传入轴突,这些轴突进入耳蜗与毛细胞的基底部形成突触连接,接受来自毛细胞的兴奋。耳蜗神经中树突组成听神经的一部分,进入延髓的耳蜗背核和前核。内排的毛细胞单独占有传入纤维,每个内毛细胞大约与 20 根传入纤维构成突触连接;为数众多的外毛细胞与感觉纤维形成突触,大约 30 个外毛细胞占用一根纤维。在人和动物的听神经中除了传入神经之外,还有自脑内的传出神经,在听觉系统中,大脑皮质对低位中枢和外周感觉器官就通过这些传出神经进行支配,能在各级水平上对神经冲动进行调节控制。这些传出神经发源于上橄榄核群,由延髓的一组神经核构成。它们进入耳蜗与毛细胞或听觉纤维的末梢形成突触连接,传出性终扣可以分泌乙酰胆碱,这一物质对毛细胞有抑制作用,由此可以调节毛细胞或神经纤维末梢的兴奋性。

(2)听觉中枢加工:听觉中枢包括脑干、中脑、丘脑的大脑皮质,是感觉系统中最长的中枢通路之一。听觉的传入通路非常复杂，至少包括四级神经元。传入通路的第1级神经元在蜗体的螺旋神经节中，这些神经节中的双极细胞发出的神经纤维经听神经进入延髓后，止于耳蜗神经节，在耳蜗神经节换能到第2级神经元，从耳蜗神经核发出的大部分神经纤维交叉到对侧，直接上升或者经过上橄榄核上行，在中脑的四叠体下丘换成第3级神经元，构成外侧丘系，外侧丘系上行进入下丘及丘脑后部的内侧膝状体换成第4级神经元，其神经纤维投射到大脑皮质颞叶听觉中枢。从耳蜗核发出的小部分不交叉的神经纤维到同侧的上橄榄核，直接上行到内侧膝状体换神经元后，投射到听觉皮质区。大脑每个半球都接受双耳传入的信息，但主要是对侧耳的信息。此外，听觉信息还被传入到小脑和网状结构。

3. 听觉刺激及其加工

（1）听觉刺激的特点：听觉是个体对声波物理特征的反映。声波是一种振动机械波，人耳能感受到声波频率范围是20~20 000Hz，超出这个范围的声音我们就无法听到。声波具有振幅、频率和波形三种物理维度，与之相对应的是响度、音调（又称音高）和音色三种心理维度。

振幅是声波的强度。声波的振幅是指示波器中显示出的纯音正弦曲线的最大高度，声波振幅的大小取决于作用在声源上的力的大小。声音频率是指声波每秒振动的次数，单位是赫兹（Hz）。音调是人对声波频率的主观感觉，它和声波频率有关。音色是复音主观属性的反映。对波形进行傅立叶分析可以发现，复音主要由低频的基音和高频的泛音组成。

（2）听觉刺激的加工：位于听觉中枢以下的听觉传导通路称为周围听觉系统。外界传入的声音信息从周围听觉系统传导至中枢听觉系统，中枢听觉系统对声音进行加工和分析，具体包括感觉声音的音调、音强、音色、判断方位等。

1）音调的神经编码：音调的知觉特性与频率的物理特性相一致，神经系统对音频的编码有两种方式：部位编码和时间编码。

2）音强的神经编码：整个声压范围（0~100dB）是由不同敏感度来标记的。但听觉传入纤维反映声压水平的上限约为30dB，超出此范围即达到饱和，即声压水平的增加不再增加效应。声音强度分析的依据来自于三个方面：①感受细胞和神经元的兴奋阈值的高低；②被兴奋神经单元总数的多少；③发放神经冲动的频率高低。声音强度越大，单根听神经纤维的放电频率也就越高，在空间上活动纤维的数目也增多，因而感觉声音就很响。

3）音色的神经编码：听觉系统通过分析构成复音的各种声音，可以激活听觉系统中不同的神经模式，从而辨别不同音色的声音。当复音刺激基底膜时，基底膜对组成复音的各个泛音由不同部位进行回应，这种回应构成耳蜗神经活动的独特编码模式，这种模式可能与听觉联合皮质环路有关。

4）声音定位：声音定位是判断声源所在的位置，是听觉系统复杂的综合功能。对于正常人，由于两耳之间存在一定距离，从某一方位传出的声音到达两耳时有一定的强度差和位相差。强度差是指声音到达两个耳膜的强度不同，相位差是指到达两个鼓膜时间上的不同。它们的大小和声源的方位有关。双耳感受到的声音强度差和相位差是声源定位的主要依据。

4. 味觉

（1）味觉感受器的结构：味觉感受器是一种上皮细胞，50~150个成簇的感受器细胞与支持细胞（也有人说是20~50个感受器细胞）共同组成味蕾（taste buds）。味蕾是味觉的感受器，在人的舌、腭、咽及喉部有大约10 000个味蕾。这些感受器大部分围绕着乳头（舌上面的小的隆起)排列。味蕾主要分布在舌的背面,特别是舌尖和舌侧。还有一部分分布在会厌、咽后壁、前腭帆及软腭等处的黏膜上皮内。味蕾主要由味细胞和支持细胞组成,其形状是椭圆形。微绒毛位于味细胞的顶部,并且向味孔方向伸展,与唾液接触,细胞基底部有神经纤维支配,可接受水溶性化学物质的刺激。

(2)味觉传导通路及脑结构:味觉的转换与突触上化学物质的传递相似,味觉分子与感受器结合,引起膜通透性的改变,产生感受器电位。不同物质与不同类型的感受器相结合,就会产生不同的味道感觉。

引起咸味的物质需要离子化才能被我们感知。咸感受器的最佳刺激是NaCl,但并不是唯一的,许多金属阳离子(如 Na^+、K^+、Li^+)与卤素或其他小的阴离子(如 Cl^-、Br^-、SO_4^{2-} 或 NO_3^-)结合的各种盐都有咸味。

酸感受器对酸溶液中的氢离子起反应。有研究者认为,这是由味细胞纤毛膜上的钾通道完成。一般情况下这些通道是打开的,允许 K^+ 流出细胞,而氢离子与其结合就关闭了钾通道。通道的关闭防止了向外 K^+ 的流动,引起膜的去极化,从而引起动作电位。

苦的典型刺激物是生物碱,如奎宁;甜味的刺激物是葡萄糖、果糖等。实际上,有些分子可以同时引起这两种感觉,从而提示甜、苦的感受器可能是相似的。

味觉信息由第7、9、10这三对脑神经传送入脑。舌前部的信息经面神经鼓索支传入;舌后部由舌咽神经的舌支负责;迷走神经传入的信息来自腭及会厌部。来自不同方向的神经纤维均止于孤束核,孤束核是一级转换站。灵长类此核的味神经元轴突到达丘脑的腹后内侧核;它还接受三叉神经传来的躯体感觉。丘脑味觉神经元再将信息传到位于脑岛及额盖叶区的一级味觉皮质。这里的神经元将信息传向尾外侧眶额皮质的二级味觉皮质。与其他感觉模式不同,味觉代表区在同侧脑,即来自舌头一侧的信息传递到大脑同侧。

5. 嗅觉

(1)嗅觉感受器的结构:人的鼻腔两侧约有 $5cm^2$ 的嗅上皮黏膜斑,其上存有约5 000万个嗅感觉细胞,它接受气味分子的刺激。嗅上皮位于鼻腔顶部,约有1/10的空气可以到达嗅上皮。嗅感受细胞包括支持细胞和基底细胞,其外端膨大为有纤毛的嗅泡。根据嗅感受细胞的形状,可分为杆状细胞和球状细胞两种,其中枢突组成嗅丝。琼斯(Jones)及瑞德(Reed)发现一种名为Golf的蛋白质,这种G蛋白可以激活催化环磷腺苷合成的酶,进而可以打开钠通道并使嗅细胞的膜去极化。布克(Buck)及埃里克斯(Axel)用分子遗传学技术发现一个可以编码嗅感受器蛋白的基因组。人类与啮齿类有500~1 000种不同的感受器,每种感受器都对不同的气味敏感。

(2)嗅觉传导通路及脑结构:嗅感受细胞的细胞体位于筛板的嗅黏膜中,像味觉细胞一样,嗅感受器细胞的生命周期较短,约为60天。细胞发出的突起通向黏膜表面,分成10~20根纤毛穿透黏液层,气味分子必须溶解在黏液里,并刺激嗅纤毛上的感受器分子,才能产生嗅觉信息。当特殊气味吸入鼻内时,在嗅上皮的黏膜中可以记录到嗅电位,这是一种缓慢负电位,并且会发生一定变化。当气味浓度增加时,这种负电位波幅也增高。感受器电位达到一定强度时,在嗅感受细胞发出嗅丝的部分就会产生神经冲动。

嗅球位于脑的基底部,嗅球中的僧帽细胞发出二级纤维构成嗅束。每一嗅细胞发出一个轴突进入嗅球,与僧帽细胞的树突形成突触。这些轴突与树突形成的众多突触丛称为嗅小球,其数量约为10 000个,每个小球接受约由2 000个轴突组成的神经束传来的输入信息。僧帽细胞的轴突通过嗅束伸展到其余脑区。某些轴突终止在脑内;另一些经过脑到另一嗅神经,并终止于对侧嗅球。

嗅束轴突投射到杏仁核,还投射到边缘皮质的两个区:梨状皮质及内嗅皮质。杏仁核将嗅信息发送到下丘脑;内嗅皮质发送信息到海马;而梨状皮质发送信息到下丘脑,并经丘脑背内侧核到眶额皮质。眶额皮质还接受味觉信息,因此它可以参与味、嗅信息的整合。下丘脑也接受大量嗅信息;它可能控制对食物的接受和拒绝,甚至在有些哺乳动物中可见到嗅觉对生殖的控制。有许多哺乳动物还有另一种反应嗅刺激的器官——犁鼻器,它在动物对反应生殖生理及行为的气味中有重要作用。

6. 前庭觉
(1)前庭系统包括:前庭囊和半规管。每侧前庭器官包括球囊、椭圆囊和三对半规管。
(2)前庭系统的功能:主要包括保持平衡、维持头部以竖直的位置以及调节眼动使之作为头部运动的补偿。

7. 躯体觉
(1)触-压觉:触觉是微弱的机械刺激兴奋了皮肤浅层的触觉感受器引起的,压觉是较强的机械刺激导致深部组织变形引起的感觉。
(2)温度觉:人的皮肤上有"热点"和"冷点",刺激这些点能引起热感觉和冷感觉,热感觉和冷感觉合称温度觉。
(3)实体觉:在日常生活中,经常遇到各种自然刺激,都是复合刺激,如当用手拿苹果时,就会感到苹果的大小、形状和质地,即同时兴奋了多种类型感受器,引起的是复合触觉,又称实体觉。
(4)躯体觉传导通路与脑区:外周的感觉传入神经主要有四种类型纤维:Aα、Aβ、Aδ 和 C。躯体感觉传入经脊髓或延髓三叉神经核(颌面部躯体感觉)上行,部分纤维进入丘脑后,再发出丘脑束投射到对侧大脑顶叶的中央后回初级躯体感觉皮质。痛温觉传入纤维在延髓交叉后,经直接投射到对侧大脑顶叶的次级感觉皮质。初级躯体感觉皮质接受来自对侧特定区域的感觉信息。

8. 痛觉
(1)痛觉的分类
1)快痛:感觉鲜明、定位清楚的锐痛或刺痛,随刺激作用迅速产生、迅速消失。
2)慢痛:定位不明确、在刺激后 0.5~1s 才能被感知的"烧灼痛",疼痛强烈而难以忍受,刺激消除后还持续存在,并伴有情绪反应及心血管和呼吸方面的变化。
3)内脏痛与深部组织痛:内脏痛定位也不明确,能引起邻近体腔壁骨骼肌的痉挛和疼痛,称为体腔壁痛,这种疼痛与躯体痛相类似,也是由躯体神经如膈神经、肋间神经传入的。此外某些内脏痛往往引起体表部位发生疼痛或痛觉过敏,这种现象称牵涉痛(referred pain),这是由于内脏病变时,疼痛扩散到受同一或紧邻的脊髓节段所支配的皮肤区。产生牵涉痛的部位往往符合神经节段支配规律,例如心绞痛患者常发生左肩、左上臂、前臂以及小拇指与环指的放射痛,胆囊炎与胆石症常有右肩的放射痛,阑尾炎时常感上腹部或脐区有疼痛等。
(2)脊髓的痛觉传导通路:疼痛传入径路是三级传导,即痛觉感受器—脊髓后角—大脑皮质中央后回。脊髓后角被称为痛觉"闸门",痛觉信号在此进行调控。
(3)疼痛的闸门控制学说:疼痛包含三个维度。
1)感觉-分辨维度:在脊髓痛觉传导通路中的新脊髓丘脑束、脊颈束及脊柱突触后纤维束,以较快的传导速度,将伤害性信息传到丘脑的腹后核和体感Ⅰ区皮质。对疼痛的时间、空间和强度进行精细的调节。

2)动机-情感维度:伤害性信息通过脊髓丘脑束、脊网束和脊髓中脑束到达网状结构、髓板内核群和边缘系统。刺激中脑中央灰质的背侧,能引出明显的厌恶反应和疼痛所伴有的行为;刺激丘脑髓板内核群,可激起动物的恐惧样反应,并伴随有逃跑行为;边缘系统与情绪的关系更为密切。

3)认知-评价维度:临床资料表明,有关文化价值、经验的记忆、焦虑、暗示等认知活动,对疼痛的复杂体验发生深刻的影响。

(三)本章小结

本章介绍了听觉、机体觉等相关知识,对听觉及各种机体觉的器官、传导通路及脑结构进行了重点介绍。此部分内容理论内容较多,掌握起来相对较为困难。关于听觉、机体觉的研究目前有些内容尚不明确,但随着研究的深入,越来越多的知识会被人们掌握和理解。

二、复习题

(一)单选题

1. 听觉感受器中的传音装置是

    A. 外耳   B. 中耳

    C. 内耳   D. 耳蜗

2. 声音传递过程中,通过压-电换能,将声波的振幅与频率编码成听神经的动作电位的器官是

    A. 鼓膜   B. 听骨链

    C. 耳蜗   D. 基底膜

3. 耳蜗是被颅骨所包围的像蜗牛一样的结构,其中充满了液体,其主要功能是负责

    A. 感音   B. 调节身体平衡

    C. 传音   D. 聚音

4. 引起人对声波频率产生主观感觉的是

    A. 频率   B. 强度

    C. 音色   D. 振幅

5. 声源定位的主要依据是双耳感受到的声音的

    A. 强度差和相位差   B. 时间差和频率差

    C. 音高差和相位差   D. 强度差和频率差

6. 感受苦味的味蕾主要集中在

    A. 舌尖   B. 舌尖根部

    C. 舌尖和舌头两侧   D. 舌的两侧后半部分

7. 酸感受器对酸溶液中的哪种离子起反应

    A. 钾离子   B. 钠离子

    C. 镁离子   D. 氢离子

8. 机体觉包括

    A. 视觉   B. 听觉

    C. 嗅觉   D. 前庭觉

9. 痛的分类包括
   A. 牙痛   B. 嗓子痛
   C. 胃痛   D. 快痛

10. 某些内脏痛往往引起远隔的体表部位发生疼痛或痛觉过敏，这种现象称
   A. 快痛   B. 慢痛
   C. 牵涉痛   D. 远痛

（二）名词解释

1. 耳蜗
2. 螺旋器
3. 振幅
4. 声音定位
5. 实体觉
6. 慢痛

（三）问答题

1. 耳蜗是如何进行声音传递的？
2. 简述听觉的中枢加工。
3. 试述音强的神经编码。
4. 味觉感受器的结构有哪些？
5. 试述嗅觉传导通路及脑结构。
6. 前庭器官的功能有哪些？
7. 试述躯体觉传导通路与脑区。
8. Melzack 和 Casey 提出疼痛包含的三个维度是什么？

三、参考答案

（一）单选题

1. B   2. C   3. A   4. A   5. A   6. B   7. D   8. D   9. D   10. C

（二）名词解释

1. 耳蜗：是被颅骨所包围的像蜗牛一样的结构，其主要功能是负责感音。声音传递到内耳，在耳蜗由机械振动变为神经冲动传递到大脑。

2. 螺旋器：又称科尔蒂器，是把振动转换为神经冲动的关键部位，由基底膜上的内侧毛细胞和外侧毛细胞以及支持细胞组成。

3. 振幅：是声波的强度。声波的振幅是指示波器中显示出的纯音正弦曲线的最大高度，声波的振幅的大小取决于作用在声源上的力的大小。

4. 声音定位：是判断声源所在的位置，是听觉系统复杂的综合功能。双耳感受到的声音强度差和相位差是声源定位的主要依据。

5. 实体觉：在日常生活中，经常遇到各种自然刺激，都是复合刺激，如当用手拿苹果时，就会感到苹果的大小、形状和质地，即同时兴奋了多种类型感受器，引起的是复合触觉，又称实体觉。

6. 慢痛：定位不明确、在刺激后 0.5~1s 才能被感知的"烧灼痛"，疼痛强烈而难以忍受，刺激消除后还持续存在，并伴有情绪反应及心血管和呼吸方面的变化。

（三）问答题

1. 耳蜗是如何进行声音传递的？

答：耳蜗通过压 - 电换能，可以将声波的振幅与频率编码成听神经的动作电位。螺旋器通过耳蜗神经节将听觉信息传递到大脑。耳蜗神经节由于耳蜗的形状致使其神经节内的细胞体呈螺旋状排列，因此又称螺旋神经节，是听觉神经的一部分。这些神经元由细胞体的两端伸出轴突，使之可以具有持续的动作电位。这些轴突进入耳蜗与毛细胞的基底部形成突触连接，接受来自毛细胞的兴奋。耳蜗神经中树突组成听神经的一部分，进入延髓的耳蜗背核和前核。

2. 简述听觉的中枢加工。

答：听觉中枢包括脑干、中脑、丘脑的大脑皮质，是感觉系统中最长的中枢通路之一。听觉的传入通路非常复杂，至少包括四级神经元。传入通路的第 1 级神经元在蜗体的螺旋神经节中，这些神经节中的双极细胞发出的神经纤维经听神经进入延髓后，止于耳蜗神经节，在耳蜗神经节换能到第 2 级神经元，从耳蜗神经核发出的大部分神经纤维交叉到对侧，直接上升或者经过上橄榄核上行，在中脑的四叠体下丘换成第 3 级神经元，构成外侧丘系，外侧丘系上行进入下丘及丘脑后部的内侧膝状体换成第 4 级神经元，其神经纤维投射到大脑皮质颞叶听觉中枢。从耳蜗核发出的小部分不交叉的神经纤维到同侧的上橄榄核，直接上行到内侧膝状体换神经元后，投射到听觉皮质区。大脑每个半球都接受双耳传入的信息，但主要是对侧耳的信息。此外，听觉信息还被传入到小脑和网状结构。

3. 试述音强的神经编码。

答：整个声压范围（0~100dB）是由不同敏感度来标记的。但听觉传入纤维反映声压水平的上限约为 30dB，超出此范围即达到饱和，即声压水平的增加不再增加效应。声音强度分析的依据来自于三个方面：①感受细胞和神经元的兴奋阈值的高低；②被兴奋神经单元总数的多少；③发放神经冲动的频率高低。声音强度越大，单根听神经纤维的放电频率也就越高，在空间上活动纤维的数目也增多，因而感觉声音就很响。

4. 味觉感受器的结构有哪些？

答：味觉感受器是一种上皮细胞，50~150 个成簇的感受器细胞与支持细胞（也有人说是 20~50 个感受器细胞）共同组成味蕾（taste buds）。味蕾是味觉的感受器，在人的舌、腭、咽及喉部有大约 10 000 个味蕾。这些感受器大部分围绕着乳头（舌上面的小的隆起）排列。味蕾主要分布在舌的背面，特别是舌尖和舌侧。还有一部分分布在会厌、咽后壁、前腭帆及软腭等处的黏膜上皮内。味蕾主要由味细胞和支持细胞组成，其形状是椭圆形。微绒毛位于味细胞的顶部，并且向味孔方向伸展，与唾液接触，细胞基底部有神经纤维支配，可接受水溶性化学物质的刺激。

5. 试述嗅觉传导通路及脑结构。

答：嗅感受细胞的细胞体位于筛板的嗅黏膜中。细胞发出的突起通向黏膜表面，分成 10~20 根纤毛穿透黏液层，气味分子必须溶解在黏液里，并刺激嗅纤毛上的感受器分子，才能产生嗅觉信息。当特殊气味吸入鼻内时，在嗅上皮的黏膜中可以记录到嗅电位，这是一种缓慢负电位，并且会发生一定变化。当气味浓度增加时，这种负电位波幅也增高。感受器电位达到一定强度时，在嗅感受细胞发出嗅丝的部分就会产生神经冲动。

嗅球位于脑的基底部，嗅球中的僧帽细胞发出二级纤维构成嗅束。每一嗅细胞发出一个轴突进入嗅球，与僧帽细胞的树突形成突触。这些轴突与树突形成的众多突触丛称为嗅小球，其数量约为 10 000 个，每个小球接受约由 2 000 个轴突组成的神经束传来的输入信息。僧帽细胞的轴突通过嗅束伸展到其余脑区。某些轴突终止在脑内；另一些经过脑到另一嗅神经，并终止于对侧嗅球。

嗅束轴突投射到杏仁核，还投射到边缘皮质的两个区：梨状皮质及内嗅皮质。杏仁核将嗅信息发送到下丘脑；内嗅皮质发送信息到海马；而梨状皮质发送信息到下丘脑，并经丘脑背内侧核到眶额皮质。眶额皮质还接受味觉信息，因此它可以参与味、嗅信息的整合。下丘脑也接受大量嗅信息；它可能控制对食物的接受和拒绝，甚至在有些哺乳动物中可见到嗅觉对生殖的控制。有许多哺乳动物还有另一种反映嗅刺激的器官——犁鼻器，它在动物对反映生殖生理及行为的气味中有重要作用。

6. 前庭器官的功能有哪些？

答：两个前庭囊（椭圆囊和球囊）的功能是截然不同的。前庭系统的功能主要包括保持平衡、维持头部以竖直的位置以及调节眼动使之作为头部运动的补偿。刺激前庭不会产生任何明显的感觉。某一低频刺激前庭囊能够产生眩晕，而刺激半规管会导致头昏眼花以及节律性的眼动（眼球震颤）。

（1）球囊和椭圆囊的生理功能：感觉细胞的顶部分布着两种感觉纤毛，静纤毛和动纤毛。动纤毛呈"极化"排列形式，纤毛嵌入壶腹嵴顶或囊斑上的耳石膜内，并因加速度刺激而一起发生运动。在正常生理情况下，主要依靠静纤毛束的倾斜。无刺激时纤毛保持在自然位置，只能记录到静息电位。静纤毛束向动纤毛方向倾斜，即去极化（depolarization），放电增多，呈兴奋现象。静纤毛束背离动纤毛位置倾斜，情况则相反，呈超极化或抑制现象。

（2）半规管生理功能：人体每侧内耳中都有三个半规管，三者围成的面可以感受空间任何方向的角加速度。当个体旋转开始或停止的瞬间由于内淋巴的惯性引起胶质顶移向相反方向，这就刺激相应的毛细胞而产生动作电位由前庭支传入。在静息状态下，来自两侧壶腹的是平衡的基础放电。水平半规管中，增加放电频率的正性刺激发生于胶质顶偏向椭圆囊；而减少放电频率的负性刺激发生于胶质顶离开椭圆囊。在垂直半规管中，胶质顶移向椭圆囊减少放电频率；而胶质顶离开椭圆囊增加放电频率。

7. 试述躯体觉传导通路与脑区。

答：外周的感觉传入神经主要有四种类型纤维：$A\alpha$、$A\beta$、$A\delta$ 和 C。颈部以下的躯体感觉先进入脊髓背根，在脊髓后角换元后再传递至大脑。痛温觉在体内分布范围最广，除了躯体以外，还包括内脏的痛温觉。内脏痛觉相对原始，沿着古老而无髓鞘的 C 纤维慢通道向大脑传递。躯体感觉传入经脊髓或延髓三叉神经核（颌面部躯体感觉）上行，部分纤维进入丘脑后，再发出丘脑束投射到对侧大脑顶叶的中央后回初级躯体感觉皮质。痛温觉传入纤维在延髓交叉后，经直接投射到对侧大脑顶叶的次级感觉皮质。初级躯体感觉皮质接受来自对侧特定区域的感觉信息。例如，来自右脚的感觉信息传递到左侧中央后回感觉区，来自左面部的感觉信息传递到右侧中央后回颌面部感觉区。初级躯体感觉皮质的神经元数量与感觉神经末梢在体表的分布密度相对应。

8. Melzack 和 Casey 提出疼痛包含的三个维度是什么？

答：Melzack 和 Casey 提出，疼痛实际包含三个维度，各有不同的解剖基础和生理机制。

（1）感觉 - 分辨维度：在脊髓痛觉传导通路中的新脊髓丘脑束、脊颈束及脊柱突触后纤维束，以较快的传导速度，将伤害性信息传到丘脑的腹后核和体感 I 区皮质。对疼痛的时间、空间和强度进行精细的调节。

（2）动机 - 情感维度：伤害性信息通过脊髓丘脑束、脊网束和脊髓中脑束到达网状结构、髓板内核群和边缘系统。刺激中脑中央灰质的背侧，能引出明显的厌恶反应和疼痛所伴有的行为；刺激丘脑髓板内核群，可激起动物的恐惧样反应，并伴随有逃跑行为；边缘系统与情绪的关系更为密切。因此，这些结构是强大的行为内驱力和不愉快情绪的基础。

（3）认知 - 评价维度：临床资料表明，有关文化价值、经验的记忆、焦虑、暗示等认知活动，对疼痛的复杂体验发生深刻的影响。也有证据表明，感觉传入的鉴别和定位也涉及以往的经验。人在战斗中负伤，可能并不感到伤口的疼痛，但对静脉注射反而感到非常痛苦。电击或切割狗的皮肤时，立即喂以食物，如此反复多次后，狗会将这些伤害性刺激作为进食的信号而加以接受，没有任何疼痛的表现。但是当把这些刺激施加在躯体的其他部位，或不喂以食物，狗就会狂吠起来。认知评价活动以大脑皮质为基础。皮质内的联络纤维及皮质到边缘系统和网状结构的下行纤维，调制分辨系统和动机系统。因此，疼痛的心理过程是由大脑皮质管理的。

（徐　娜）

第六章　　感知觉生理心理(二)

一、教材精要

(一)内容简介

本章介绍了作为人类最重要的感知能力之一的视觉、视网膜的结构与功能、视觉外周加工机制、视觉通路的传导及视知觉的中枢加工机制等知识点。

(二)教材知识点

1. 视觉的外周加工

(1)视网膜的结构和功能:视网膜位于眼球的最内侧,仅有 250μm 厚,由四层细胞组成。从最外向内分别为色素细胞层、感光细胞层、双极细胞层和神经节细胞层。外层的色素细胞层,不属于神经组织,含有黑色素颗粒和维生素 A,对同它相邻的感光细胞起着营养和保护作用。内层是由 3 种神经细胞组成的神经层,纵向从外向内依次为视感受细胞(视杆细胞和视锥细胞)、双极细胞、神经节细胞。视网膜中央凹附近的视感受单位较小,而周边部分视网膜的感受单位较大。因为在视网膜的周边部,几百个视杆细胞汇聚到一个神经节细胞上,而在视网膜的中央,汇聚程度明显减少,甚至可以看到 1 个视锥细胞与 1 个双极细胞、1个神经节的单线联系。除神经节细胞外,视网膜上其他细胞均根据光的相对强度变化给出级量反应,不能形成可传导的动作电位,但可发生总和效应。

(2)视觉感受器:视网膜上的感光细胞即视杆细胞和视锥细胞,它们和与之相联系的其他视网膜细胞组成了两种感光换能系统。①视杆系统:又称为暗视觉系统,细胞多,分布在视网膜的周围,光敏度高,分辨率低,司暗光觉,无色觉;②视锥系统:又称为明视觉系统。细胞少,分布在视网膜中央,光敏度低,分辨率高,司昼光觉,有色觉。

(3)明、暗编码:早在 60 多年前,哈特兰(Hartline,1938)发现,蛙的视网膜上有三种神经节细胞:ON 细胞、OFF 细胞、ON/OFF 细胞。后期库夫勒(Kuffler)用小的光点刺激猫视网膜,同时记录单条神经纤维动作电位时发现:ON 细胞被照射在中心部的光线激活,被照射在外周部的光线抑制,又称为"给光"细胞;OFF 细胞的反应方式恰好相反,即光照射到中心区时产生抑制反应,光照射到周边区时产生兴奋反应,又被称为"撤光"细胞。如用弥散光同时照射中心和周边,兴奋和抑制似乎可以抵消,而抵消的程度取决于它们受到光刺激的相对面积大小。这种中心 - 外周的反应方式增强了神经系统分辨明暗对比度的能力,ON细胞善于发现暗背景上的明亮物体,而 OFF 细胞善于发现亮背景上的暗物体。

(4)颜色编码:①三原色编码:由英国的物理学家兼医生托马斯·杨(Thomas Young)和赫尔姆霍兹(Helmholtz)提出的三原色理论认为,人的视网膜上存在 3 种视锥细胞及相应的 3 种感光色素,分别对红、绿、蓝的光线特别敏感,当介于三者之间波长的光线作用于视网膜时，它们可对 3 种视锥细胞或感光色素起不同程度的刺激作用，从而在中枢产生某种颜色的感觉。②对比色学说：德国生理学家黑林(Ewald Hering)认为颜色信息并不是以红、绿、蓝等专门通路向中枢传递，而是以成对拮抗的编码形式传递的，这种观点被称为对立加工论，也叫对比色学说。认为视网膜上只有两种颜色敏感性节细胞：红 - 绿细胞与黄 - 蓝细胞，这两种对比色在感觉上是互不相容的，既不存在带绿的红色，也不存在带蓝的黄色；③视网膜 - 皮质学说：为了解释颜色恒常性，Edwin Land 提出了视网膜 - 皮质学说(retinex theory)：当视网膜各部分的信息到达大脑时，视皮质通过对输入信息的比较，决定每个区域的亮度和颜色知觉。

2. 视觉的传导通路及脑结构

(1)感受野的编码与加工：感受野(receptive field)是指能够引起某个神经元发生反应的视网膜区域，也就是某个神经元能够"看到"的那部分视野。外侧膝状体神经元与神经节细胞的感受野基本相似，也是相互拮抗的同心圆式的感受野。皮质神经元的感受野分为 3 种类型：简单细胞、复杂细胞、超复杂细胞。简单细胞感受野面积较小，通常有一条或是给光型或是撤光型的中央带，两侧是平行、但大小不等的拮抗区，或者给光区和撤光区分居两侧。复杂细胞感受野较简单细胞大，呈长方形且不能区分出开反应与闭反应区，可以看成是由直线形单感受野平行移动而成，也可以看成是大量简单型皮质细胞同时兴奋而造成的；超复杂细胞感受野的反应特性与复杂细胞相似，但有明显的终端抑制，即长方形的长度超过一定限度则有抑制效应。总之，简单细胞的感受野是直线形，与图形边界线的觉察有关；复杂细胞和超复杂细胞为长方形感受野，与对图形的边角或运动感知觉有关。视觉皮质是由功能柱(functional columns)组成的，它们由具有相同感受野并具有相同功能的视皮质神经元，以垂直于大脑表面的方式排列成柱状结构。功能柱贯穿大脑皮质的 6 个层次，只对某一视觉特征发生反应，如颜色柱、眼优势柱、方位柱。由方位柱和眼优势柱组合起来的功能单位，称为超柱(hyper-column)。超柱是视皮质的基本功能单位，为 1mm 见方，2mm 深的小块，包含一组对各种朝向有最佳反应的方位柱和一组对双眼有用的眼优势柱以及若干处理颜色信息的颜色柱。

(2)视网膜内的信息加工：①视觉通路：视觉传导始于视网膜上的神经节细胞，其细胞轴突构成视神经，末梢止于外侧膝状体。来自两眼鼻侧的视神经左右交叉到对侧外侧膝状体；而来自两眼颞侧的视神经，不发生交叉投射到同侧外侧膝状体。外侧膝状体细胞发出的纤维经视放射投射至大脑皮质的初级视皮质(V1)，继而与二级(V2)、三级(V3)和四级(V4)等次级视皮质发生联系。V1 区与简单视感觉有关，V2 区与图形或客体的轮廓或运动感知有关，V4 区主要与颜色觉有关。②视觉反射：包括瞳孔对光反射、瞳孔 - 皮肤反射、调节反射。③大多数灵长类的神经节细胞可分为三类：小细胞神经元(P 细胞)、大细胞神经元(M 细胞)和颗粒细胞(K 细胞)。P 细胞胞体小，感受野也较小，绝大多数位于黄斑或其附近，适合检测视野中的精细结构，对颜色具有高敏感性；M 细胞胞体和感受野都较大，几乎在整个视网膜都有分布，与 P 细胞不同，它们对颜色不敏感，对细节反应也没有那么强烈，而对移动的刺激和物体的外形反应强烈，适合负责运动物体的觉察；K 细胞胞体小，感受野最小。与 P 细胞相似，但不是主要聚集在黄斑周围，而是分布在整个视网膜。

(3)丘脑、大脑皮质的视觉系统：外侧膝状体核(LGN)是神经节细胞将信息传入脑的必经之路。LGN 含有 6 层细胞，每侧只接受由某一侧传递来的信息，如 1、4、6 层接受来自对侧的信息，而 2、3、5 层则接受同侧的信息。LGN 腹侧的两层细胞的直径明显大于上面的四层,因此底部两层称为大细胞层,主要接受来自视网膜神经节 M 型细胞的信息;顶部四层被称为小细胞层,主要接受神经节 P 细胞的信息;另外,在每一层的腹侧还存在由许多微小的神经元组成的颗粒细胞层,主要接受来自神经节 K 细胞的信息。这三条通路最终都投射到同侧大脑的初级视皮质。

3. 视知觉的生理机制

（1）物体知觉和空间知觉通路:①物体知觉的枕 - 颞通路:视觉信息沿着 V1—V2—V3—V4 区传递,完成对知觉对象的形状、颜色、方位、运动等信息的初步加工,随后进入颞下皮质(IT),形成完整而精细的物体知觉,这就是腹侧通路或枕 - 颞通路,也称"what"通路。如果颞叶损伤破坏了"what"通路,表现为受损者不能正确描述所见物体的尺寸、形状,但他能趋向该物体,或以自己的方式围绕着物体转。②空间知觉的枕 - 顶通路:视觉信息经 V1—V2—V3 区到达颞上沟的尾侧后部及底部附近的颞中回(V5 或 MT 区),V5 区加工后的信息再投射到颞上沟内沿(MST 区)和颞上沟底部(FST 区),然后再传递到下顶区和顶内沟外延等顶叶皮质,从而对更大范围物体的空间信息和运动产生知觉,这就是背侧通路或枕 - 顶通路,也称"where"通路。若顶叶受损,"where"通路破坏的受损者虽能准确描述所见事物的尺寸、形状、颜色,但却不能根据记忆描述其所在位置,也不能伸手抓住它。

（2）大脑皮质的颜色通路:颜色识别依赖于神经节细胞的 P 细胞通道和 K 细胞通道。在 V1 区 CO 小杆对颜色显现高度的敏感,CO 小杆中也有大细胞通路的细胞,它们负责颜色亮度的感知。CO 小杆内的细胞再将信息传出到 V2、V4 和后下颞皮质特定区域。

（3）大脑皮质的运动及深度通路:颞叶有两个脑区对任何视觉运动始终如一地强力激活,那就是纹外皮质的 V5 区(也叫 MT 区,位于内侧颞叶),及其相邻接的内侧颞上皮质(MST)。MT 和 MST 区直接接受来自大细胞通路一个分支的信息,同时也接受某些小细胞的输入。

4. 视知觉障碍

（1）视觉失认症:①统觉失认症(apperceptive agnosia):是高级视知觉缺失造成的,患者视力没有缺陷,但对于一个复杂事物只能认知其个别特征,不能知觉事物的全部属性,因而无法辨认看到的物体。②联想性失认症(associative agnosia):患者的物体识别神经回路是完好的,只是意识不到自己的知觉。联想性失认症患者能形成正常的物体视觉表征,也能将物体的形状、颜色等正确的临摹,却不能命名物体,也不知道物体的意义和用途。③颜色失认症(color agnosia):患者不再能认出他过去能很完善地识别的颜色,同时也不能根据别人口头提示的颜色,指出相应颜色的物体。

（2）视错觉和视幻觉:①视错觉:心理学家认为视错觉(visual illusion)是指人或动物观察物体时基于经验主义或者不当参照而形成的错误判断和感知。生理学家则认为视错觉是由于人眼的特殊结构以及人脑特殊的视觉分析系统,让人的视觉产生某种主观认识和错误判断。目前有关视错觉的理论解释很多,但没有一种能适用所有视错觉。总结各种视错觉的神经机制,其神经活动有一共性表现:心理表象相同的真实知觉和错觉都会在同一个知觉关联区内由相同的特定反应神经元做出反应,即产生真实知觉的脑区也是相应产生错觉的决定性区域,这种现象称为知觉的神经关联重叠。另一方面,具体的视错觉又各自具有特异性,不仅视知觉加工的皮质区域不同,其特定反应神经元的类型和整合方式也不同。就是说,各种视错觉的神经活动是被各种视觉的初级加工特征分析决定的,而非由共同的高级认知加工造成。②视幻觉(visual hallucination):是在没有现实刺激作用于视觉系统时出现的视知觉现象。研究者采用正电子放射断层扫描术和功能性磁共振成像术,将出现视觉幻觉阶段的脑活动模式与观察现实视觉刺激时的大脑激活区域进行对比。研究发现幻动使得 V5(MT)区的激活水平提高,而 V1 区呈静息状态。在视觉后效应实验中,被试注视绿色的圆 30s 后,看邻近的灰色圆,此时他们可能把灰色圆感知成一个淡紫色的圆(紫色是绿色的补色)。研究发现,当被试出现这种幻觉时,V4 区及之前的视觉区(除 V1 区)的激活水平会提高。可见,高级视觉皮质比初级视皮质更多地参与了视幻觉的形成。

(三)本章小结

本章对视觉外周与中枢的加工机制进行了重点介绍。此部分内容与生理、神经解剖有关视觉的内容有部分重合,掌握起来相对较为困难,希望大家在与以往知识融会贯通的基础上达到本章学习目标里的要求。目前关于视觉的生理心理学机制的研究已经比较成熟,希望大家能够通过本章的学习很好地解释发生在自己身边的各种视觉现象。

二、复习题

(一)单选题

1. 视网膜上无视杆细胞而全部是视锥细胞的区域是
   A. 视盘
   B. 视盘周边部
   C. 中央凹
   D. 视网膜周边部

2. 下列关于视锥细胞的叙述,**错误**的是
   A. 外段的形态与视杆细胞不同
   B. 外段的感光色素为视紫红质
   C. 不能产生动作电位
   D. 能产生感受器电位

3. 各种感光色素本质上的区别在于
   A. 生色基团的成分
   B. 视黄醛的结构
   C. 视黄醛与视蛋白的结合方式
   D. 视蛋白的结构

4. 视锥细胞与视杆细胞的本质**不同**在于
   A. 外段
   B. 内段
   C. 胞体
   D. 终足

5. 视网膜中央凹的视敏度为最高,原因是
   A. 视杆细胞多而集中,单线联系
   B. 视杆细胞多而集中,聚合联系
   C. 视锥细胞多而直径最小,单线联系
   D. 视锥细胞多而直径最小,聚合联系

6. 夜盲症发生的原因是
   A. 视紫红质过多
   B. 视紫红质缺乏
   C. 顺视黄醛过多
   D. 视黄醛被消耗

7. 视黄醛由下列哪种物质转变而来
   A. 维生素 D
   B. 维生素 E
   C. 维生素 A
   D. 维生素 B

8. 引起视觉的外周感觉器官是
   A. 眼球
   B. 角膜
   C. 眼睛
   D. 视网膜

9. 下列关于视紫红质的叙述，**错误**的是

A. 对光很敏感

B. 分解、合成为可逆反应

C. 血中维生素 A 缺乏，合成减少

D. 为视锥细胞的感光色素

10. 下列关于视网膜中央凹的叙述，正确的是

A. 视网膜兴奋阈值最低区

B. 视杆细胞密集处

C. 视锥、视杆细胞混合区

D. 视敏度最高区

11. 与图形和客体的轮廓或运动感知有关的视觉皮质区是枕叶的

A. V1 区

B. V2 区

C. V3 区

D. V4 区

12. 与简单视感觉有关的是

A. V1 区

B. V2 区

C. V3 区

D. V4 区

13. 外侧膝状体神经元的感受也是

A. 直线式

B. 圆式

C. 同心圆式

D. 长方形式

14. 视网膜上对光刺激的编码是全或无的细胞是

A. 视杆细胞

B. 视锥细胞

C. 水平细胞

D. 神经节细胞

15. 如果对一个复杂事物只能认知其个别属性，而不能同时认知事物的全部属性，则称这种障碍为

A. 体觉失认症

B. 知觉失认症

C. 统觉性失认症

D. 面孔失认症

（二）名词解释

1. 生理盲点

2. 感受野

3. 功能柱

4. 超柱

5. 失认症

（三）问答题

1. 试比较视网膜的两种感光换能系统的功能。

2. 试述视觉的传导通路。

3. 视网膜上有哪几种细胞？排列方式及电传导方式有哪些？

4. 试述视网膜神经节细胞、丘脑外侧膝状体细胞和大脑皮质视区神经元的感受野各有什么特征？

5. 简述视觉的三原色学说。

三、参考答案

（一）单选题

1. C　　2. B　　3. D　　4. C　　5. C　　6. D　　7. C　　8. D　　9. D　　10. D

11. B　　12. A　　13. C　　14. D　　15. C

(二)名词解释

1. 生理盲点:视网膜由黄斑向鼻侧约 3mm 处的视神经盘,是神经节细胞的轴突汇聚成视神经离开眼球的位置,此处无感光细胞,在视野上呈现为固有的暗区,称为生理盲点。

2. 感受野:指能够引起某个神经元发生反应的视网膜区域,也就是某个神经元能够"看到"的那部分视野,只有光线落到这个视野范围内,才能引起该神经元的兴奋。

3. 功能柱:它们由具有相同感受野并具有相同功能的视皮质神经元,以垂直于大脑表面的方式排列成柱状结构。功能柱贯穿大脑皮质的 6 个层次,只对某一视觉特征发生反应,如颜色柱、眼优势柱、方位柱。

4. 超柱:在大脑视觉皮质中,具有相同感受野的多种特征检测细胞聚集在一起,形成了对各种视觉属性综合反应的基本单元,是简单知觉的基本结构与功能单位。

5. 失认症:是一类由脑损伤引起的神经心理障碍。患者感官、感觉神经、感觉通路和皮质初级感觉区的结构功能正常,但在次级感觉皮质或联合皮质存在局部的器质性损伤,使其在智力正常的情况下,不能识别以某种感觉形式呈现的刺激,不能对感觉的物体形成正常知觉。

(三)问答题

1. 试比较视网膜的两种感光换能系统的功能。

答:视网膜的功能是受到光的刺激后把光能转换为电信号,由视神经传入视觉中枢。视网膜上的感光细胞即视杆细胞和视锥细胞组成两种感光换能系统。①视杆系统:又称为暗视觉系统,细胞多,分布在视网膜的周围,光敏度高,分辨率低,司暗光觉,无色觉;②视锥系统:又称为明视觉系统,细胞少,分布在视网膜中央,光敏度低,分辨率高,司昼光觉,有色觉。

2. 试述视觉的传导通路。

答:视觉传导始于视网膜上的神经节细胞,其细胞轴突构成视神经,末梢止于外侧膝状体。来自两眼鼻侧的视神经左右交叉到对侧外侧膝状体;而来自两眼颞侧的视神经,不发生交叉投射到同侧外侧膝状体。外侧膝状体细胞发出的纤维经视放射投射至大脑皮质的初级视皮质(V1),继而与二级(V2)、三级(V3)和四级(V4)等次级视皮质发生联系。V1 区与简单视感觉有关,V2 区与图形或客体的轮廓或运动感知有关,V4 区主要与颜色觉有关。

3. 视网膜上有哪几种细胞?排列方式及电传导方式有哪些?

答:视网膜分为内、外两层。外层是色素细胞层,含有黑色素颗粒和维生素 A,对同它相邻的感光细胞起着营养和保护作用,如黑色素颗粒能吸收光线,防止光线反射而影响视觉,也能消除来自巩膜侧的散射光线。内层是由 3 种神经细胞组成的神经层,纵向从外向内依次为视感受细胞(视杆细胞和视锥细胞)、双极细胞和神经节细胞。视网膜中除了这种纵向的细胞间联系外,由水平细胞和无长突细胞在垂直联系之间进行横向联系,发生侧抑制等精细调节作用。

视网膜中央凹附近的视感受单位较小,而周边部分视网膜的感受单位较大。因为在视网膜的周边部,几百个视杆细胞汇聚到一个神经节细胞上,而在视网膜的中央,汇聚程度明显减少,甚至可以看到 1 个视锥细胞与 1 个双极细胞以及 1 个神经节的单线联系。电传递方式:除了神经节细胞之外,视网膜上的其他细胞对光刺激的反应均类似光感受细胞,根据光的相对强度变化给出级量反应,这种级量反应是缓慢的电变化,不能形成可传导的动作电位,但可与邻近细胞的慢变化发生时间和空间总和效应。

4. 试述视网膜神经节细胞、丘脑外侧膝状体细胞和大脑皮质视区神经元的感受野各有什么特征?

答:(1)视网膜神经节细胞的感受野呈现同心圆式,其中心区和周边区之间总是拮抗的。对感受野施予光刺激引起神经节细胞单位发放频率增加的现象称为开反应;相反,撤出光刺激引起神经节细胞单位发放频率增加的现象称为闭反应。在神经节细胞同心圆式的感受野中,其中心区光刺激引起神经节细胞开反应,周边区引起闭反应的神经节细胞称开中心细胞;相反,其感受野中心区引起闭反应的,而周边区引起开反应的神经节细胞称闭中心细胞。

(2)外侧膝状体神经元的感受野与神经节细胞基本相似,形成中心区和周边区相互拮抗的同心圆式的感受野。

(3)皮质神经元的感受野分为3种类型:简单细胞、复杂细胞和超复杂细胞。①简单细胞的感受野面积较小,通常有一条或是给光型或是撤光型的中央带,两侧是平行但大小不等的拮抗区,或者给光区和撤光区分居两侧。一条有合适朝向运动的光带或暗带通常为有效刺激。②复杂细胞的感受野较简单细胞大,呈长方形且不能区分出开反应与闭反应区,可以看成是由直线形单感受野平行移动而成,也可以看成是大量简单型皮质细胞同时兴奋而造成的。③超复杂细胞感受野的反应特性与复杂细胞相似,但有明显的终端抑制,即长方形的长度超过一定限度则有抑制效应。总之,简单细胞的感受野是直线形的,与图形边界线的觉察有关;复杂细胞和超复杂细胞为长方形感受野,与对图形的边角或运动感知觉有关。

5. 简述视觉的三原色学说。

答:视觉的三原色学说是解释颜色视觉产生机制的学说之一。该学说认为不同颜色的光都可以用不同比例的红、绿、蓝光三者混合而成,因此,红、绿、蓝三种颜色被称为三原色光。实验证明在视网膜上存在有三种不同的视锥细胞,分别含有对红、绿、蓝三种光敏感的感光色素。当某一种颜色的光线作用于视网膜时,可以使三种视锥细胞发生不同程度的兴奋,这种视觉信息传入大脑,经大脑中枢整合后,就产生某一种色觉。

(全 鹏)

第七章　学习与记忆的生理心理

一、教材精要

(一)内容简介

学习与记忆是神经系统的基本功能,也是重要的心理活动。本章在概述学习与记忆的基本概念、分类和研究概况基础上,重点介绍了神经系统的信息贮存功能、海马在学习与记忆中的功能,以及学习与记忆的细胞和分子机制,并简要介绍了学习与记忆障碍的表征。

(二)教材知识点

1. 学习与记忆概述

(1)学习与记忆的概念:学习与记忆是机体通过获取外界信息,并将所获信息进行编码、贮存巩固和提取的神经活动过程。学习与记忆可分为以下三个阶段:①编码:指机体对输入信息的处理与加工过程,包括信息获取和巩固阶段;②存储:指信息在机体脑内长期保存的过程;③提取:指机体通过提取存储信息,建立意识表征或执行习得性行为的过程。

(2)学习的基本形式与分类:根据刺激与反应之间是否建立明确的关系将学习方式分为非联合型学习与联合型学习。非联合型学习是无需在刺激和反应之间建立明确联系的学习方式,包括习惯化和敏感化两种学习形式。联合型学习是指神经系统在事件与事件之间建立起某种明确联系的学习方式,主要包括经典条件反射与操作条件反射两类型。经典条件反射又称巴甫洛夫条件反射,是指无关刺激与非条件刺激结合,通过建立暂时联系后,单纯无关刺激引起非条件反射的反应。操作条件反射是指机体的主动操作行为与强化刺激间建立联系而形成的条件性反应。

(3)记忆的分类:记忆按信息保存时间分瞬时记忆、短时记忆和长时记忆。瞬时记忆又称感觉记忆,指信息被机体的视觉、听觉、触觉等感官系统感知瞬间在脑内所保留的记忆,维持时间仅 1~2s。短时记忆指大脑暂时保存信息的过程,维持时间在数秒至数分钟。工作记忆即为短时记忆的一种特殊形式。长时记忆指维持时间更持久、容量更大、无需复述即可保持的记忆,维持时间为数日、数年或终生。

记忆按信息贮存和回忆方式分陈述性记忆和非陈述性记忆。陈述性记忆是指可以用语言来描述的关于过去经历或事件的记忆,又分为情景记忆与语义记忆。非陈述性记忆是指很难用语言描述的记忆,其主要内容和对象为习得性行为,主要包括:①非联合型学习(习惯化和敏感化)所形成的记忆;②启动效应:指个体对先前出现过刺激的反应速度加快的现象;③程序性记忆;④条件反射所形成的记忆;⑤一些在有意或无意间获得信息的学习与记忆,如感知觉记忆、分类记忆、认知技巧和情绪记忆等。

记忆按意识是否参与分为外显记忆和内隐记忆等。外显记忆是一种有意识的对先前经历、经验的回忆。内隐记忆是一种无意识的与程序动作有关的记忆，主要是操作、技术、方法和过程等的记忆，与程序性记忆密切相关。

2. 学习与记忆的编码与储存

（1）搜寻记忆痕迹——赫伯的细胞集合学说：赫伯首次提出外界刺激能激活脑内的一群彼此交互联系、功能协同的神经元集合，它们在脑内的活动及彼此之间的连接能反映外界刺激在脑内的作用。他认为记忆痕迹广泛地分布于神经元突触，且活动依赖性的神经元功能改变是突触可塑性的基础，为学习与记忆的神经生理机制提供了重要理论依据。

（2）海马在学习与记忆中的作用

1）海马结构及其纤维联系：海马、齿状回、下托和邻近的内嗅区皮质合称海马结构。内嗅区皮质的传出纤维经过穿通途径与齿状回颗粒细胞的树突形成突触联系；齿状回颗粒细胞的轴突又通过苔状纤维与 CA3 区锥体细胞的顶树突基部形成突触联系；CA3 区锥体细胞轴突发出的谢弗尔侧支则与 CA1 区锥体细胞的顶树突干构成突触联系；CA1 区锥体细胞的轴突又经下托返回至内嗅区皮质。由 EC → DG → CA3 → CA1 之间的神经递质均为谷氨酸，构成级联式兴奋性突触传递，即海马结构的三突触回路。杏仁核、边缘系统经内嗅皮质的穿通途径与齿状回联系，在情感性记忆中发挥重要作用。海马通过旁海马区与大脑联络皮质的双向联系，构成了皮质-海马记忆系统，在陈述性记忆的巩固和提取中发挥关键作用。帕佩茨（Papez）环路是以海马为中心构成的海马→穹窿→乳头体→乳头丘脑束→丘脑前核→扣带回皮质→海马的纤维联系通路，与情绪相关的记忆和行为调控相关。

2）海马的学习与记忆功能：海马在陈述性记忆，尤其是情景记忆中，具有关键性作用，主要参与信息的编码和记忆的巩固过程，并参与新近记忆的提取过程，将短时记忆转化为长时记忆，并非长时记忆的最终储存部位。

海马在学习与记忆中的功能包括：参与陈述性记忆、空间记忆和情景与背景记忆，参与记忆巩固、新信息的编码、连接以及新信息的提取。

（3）其他脑区在学习与记忆中的功能

1）陈述性记忆相关的脑结构：内侧颞叶主要负责陈述性记忆相关信息的编码加工和巩固。间脑中的丘脑前核和下丘脑乳头体构成 Papez 环路的主要成分，与陈述性记忆关系密切。前额叶皮质属于大脑联合皮质，主要参与情景记忆的储存和提取过程。

2）非陈述性记忆相关的脑结构：非陈述性记忆的存在形式多种多样，它们分别依赖于不同的脑结构。非联合型学习的主要结构基础是参与刺激-反应的神经反射弧。启动效应是一种内隐记忆，视觉启动效应发生在初级视皮质，而听觉启动效应则发生在初级听皮质。经典条件反射中延缓程序形成的延缓条件反射主要依赖于小脑和基底神经节，痕迹程序形成的痕迹条件反射依赖于内侧颞叶和海马。纹状体和伏隔核在操作条件反射的学习与记忆中至关重要。背内侧纹状体与操作条件反射中的奖励行为相关；背外侧纹状体与习惯行为相关；而伏隔核与经典条件反射的学习行为和奖励相关。运动技巧属于程序性记忆，前额叶皮质、顶叶皮质和小脑联合活动建立完整的程序。运动技巧的信息储存于运动皮质和新纹状体并形成长时程记忆。新纹状体与小脑在习惯学习中起重要作用。初级感觉皮质在知觉学习和分类学习中发挥重要作用。杏仁核在恐惧等情感的学习和记忆中发挥着重要作用。杏仁核、海马分别参与调控情绪记忆和陈述性记忆，两者之间的相互联系是负性情感记忆的结构基础。

3. 学习与记忆的生理机制

（1）学习与记忆的动物模型：主要介绍了海兔缩鳃反射的习惯化和敏感化。缩鳃反射是用水流喷射或机械探针方法触摸刺激海兔喷水管或外套膜，能引起喷水管和鳃的回缩反应。反射弧为来自喷水管的感觉信息经感觉神经元传至腹神经节，与编号为 L7 的运动神经元形成突触，L7 运动神经元支配鳃的肌肉，控制缩鳃运动，从而构成由感觉神经元传入至运动神经元的单突触通路。缩鳃反射的习惯化是指重复刺激喷水管后，缩鳃反射幅度会逐渐变小，突触前修饰导致递质释放减少是其神经机制。缩鳃反射的敏感化是指在海兔头或尾部施加短暂电击，可引起缩鳃反射幅度增大，头部刺激激活易化性中间神经元释放 5-HT，感觉神经元神经递质释放增加，突触传递效能增强是其产生机制。

（2）学习与记忆的突触机制：突触可塑性包括神经元活动影响的突触结构和功能的改变。功能可塑性指突触前神经元的反复活动，导致突触传递效能发生改变；而结构可塑性指突触形态、突触数目的变化，以及新的突触联系的形成和传递功能的建立，是持续时间较长的可塑性，在长时程记忆中发挥重要作用。

1）暂时联接与异源性突触易化：脑内单一神经元能接受上千个来源不同的神经末梢输入，形成大量异源性突触。当来源不同的突触在较短间隔内按顺序或同时兴奋，多次重复后，突触后神经元则把两种刺激整合在一起，形成暂时联接。在突触水平上则主要体现为：两个突触前神经元同时作用于一个突触后神经元，当其中一个突触前兴奋时，也会使另一个突触前乃至整个突触后神经元兴奋。由不同来源的突触所介导的突触后增强作用称为异源性突触易化。异源性突触易化至少存在两种机制：突触前的活动依赖性强化与突触前-后之间的强化。

2）长时程增强：在短促高频的电脉冲刺激条件下，突触后场电位长时间显著增强的现象称为突触传递的长时程增强（LTP）。LTP 包括三种主要特性：传入特异性、协同性和联合性。LTP 有力地证明了赫伯定律，是大脑学习与记忆的关键神经生物学机制。LTP 包括诱导、表达和维持三部分，LTP 的诱导与学习相关，LTP 的维持与长时记忆相关，而 LTP 的表达与记忆信息的提取相关。

3）LTP 的产生机制：LTP 产生受多重机制调节。以 CA3-CA1 的突触连接为例，突触后膜 NMDA 受体激活所致的 Ca^{2+} 内流增加是 LTP 诱导的关键，而突触后膜 AMPA 受体的数目增加是 LTP 表达的主要机制。LTP 的诱导多发生于 LTP 形成初期，又称早期 LTP，以突触中的 AMPA 受体的化学修饰为主。LTP 的表达包括"沉默"突触的激活和原有 AMPA 受体的突触上受体数目的增加；与 Ca^{2+} 内流激活下游的蛋白激酶 CaMK Ⅱ 和 PKC 级联反应所致的 AMPA 受体磷酸化上调有关。

LTP 经诱导、表达后需要长时期维持，才能形成长时记忆。LTP 的维持依赖于突触内部一系列的细胞分子功能和结构的改变。除了需要早期 LTP 中涉及的突触前递质释放增加与突触后受体的效应性增强以外，还需要新的基因表达和蛋白质合成，从结构上改变突触的形态与数目，使神经元之间增强的联系得以长期维持，从而促进长时程记忆的形成和巩固。

4）长时程抑制：在给予低频重复刺激的条件下，突触后电位长时间地减小的现象称为长时程抑制（LTD）。LTD 是与 LTP 相互抵消的一种突触可塑性，可能与遗忘相关。

（3）学习与记忆的生化机制

1）蛋白激酶的持续激活：细胞内 Ca^{2+} 增加激活一系列信号通路，包括 AC-cAMP-PKA，

PLC-PKC 以及 Ca^{2+}/钙调素（calmodulin）依赖的蛋白激酶 K-CaMK Ⅱ信号通路。这些蛋白激酶的持续激活和磷酸化修饰对于记忆的初期形成至关重要。

2）蛋白质合成与记忆巩固：长时记忆最初涉及已有突触蛋白的快速修饰，并启动新的基因转录和蛋白质合成机制，为原有突触提供更多受体和离子通道，并形成更多新突触。使突触传递的短时变化（早期 LTP）转化为更持久的结构性变化，形成晚期 LTP，记忆得到巩固。

3）cAMP-PKA-CREB 通路与基因转录和蛋白质合成：cAMP-PKA-CREB 介导的基因转录与蛋白质合成机制是短时记忆向长时记忆转化的分子基础。通过 cAMP-PKA-CREB 信号通路的激活，突触的结构可塑性发生改变，神经元之间显著增强的联系得以长久维持。

（4）学习与记忆障碍

1）学习不能与学习障碍：学习不能或学习障碍指一种或多种理解、使用语言等基本心理过程的障碍，主要表现为语言的听、说、读、写、思考与计算能力的缺陷。

2）记忆障碍：记忆障碍最常见为遗忘症，包括顺行性遗忘、逆行性遗忘和心因性遗忘。顺行性遗忘症指由于不能形成新的长时记忆，遗忘患病后近期发生的事情。逆行性遗忘症则是选择性遗忘患病前发生的事情，但对早年的事情仍保持较好记忆。心因性遗忘是指由于心理因素造成的遗忘，具有选择性遗忘的特点。

3）记忆错误：记忆错误是指将别人的经历与自己的经历混淆起来，把别人的经历当成是自己的经历，把虚幻的东西误认为是真实的，在精神病患者中较多见。

（三）本章小结

本章介绍了学习与记忆的概念、分类和研究概况；学习与记忆的编码与储存，海马和脑内其他结构在学习与记忆中的作用；学习与记忆的生理机制，并简介了人类学习记忆机制研究的一些特点。学习与记忆机制的动物模型、突触与生化机制。有关学习与记忆的研究进展迅速，是生理心理学研究进展最快的领域之一，本章学习的主要内容是关于学习与记忆的基本知识、基本理论以及进展，在学习过程中需要进一步了解各方面的研究进展，并与心理学的实际问题相结合。

二、复习题

（一）单选题

1. 学习与记忆的基本过程分为三个阶段，包括
   A. 学习、记忆、联想
   B. 感受、贮存、提取
   C. 获得、储存、巩固
   D. 编码、贮存、提取

2. 学习通常分为以下哪两类
   A. 非联合型学习、联合型学习
   B. 习惯化、敏感化
   C. 经典条件反射、操作式条件反射
   D. 知觉学习、分类学习

3. 属于联合型学习的有
   A. 习惯化、操作式条件反射
   B. 巴甫洛夫条件反射、操作条件反射
   C. 敏感化、经典条件反射
   D. 去习惯化、回避条件反射

4. 把记忆按信息贮存和回忆方式分为两类是
   A. 工作记忆、瞬时记忆
   B. 形象记忆、逻辑记忆
   C. 陈述性记忆、非陈述性记忆
   D. 情景记忆、语义记忆

5. 属于内隐记忆的有
   A. 情景记忆和程序性记忆
   B. 启动效应和语义记忆
   C. 运动记忆和程序性记忆
   D. 工作记忆和语义记忆

6. 提出细胞集合学说的科学家是
   A. 巴甫洛夫
   B. 拉什里
   C. 赫伯
   D. 潘菲尔德

7. 从遗忘症患者 H.M. 的研究发现了颞叶记忆功能的科学家是
   A. 汤姆森
   B. 布里斯
   C. 潘菲尔德
   D. 米尔纳

8. 与海马学习与记忆功能有关的神经通路包括
   A. 海马结构的三突触回路、海马 - 大脑联络皮质的双向联系、帕佩茨环路
   B. 海马 - 扣带回皮质双向联系、海马 - 杏仁核回路、旁海马区 - 大脑皮质回路
   C. 空间记忆回路、海马 - 大脑皮质回路、陈述性记忆回路
   D. 海马 - 杏仁核回路、海马 - 前额叶皮质环路、陈述性记忆回路

9. 陈述性记忆系统涉及的脑结构有
   A. 海马、丘脑、间脑
   B. 大脑皮质、小脑皮质、杏仁核
   C. 内侧颞叶、间脑、前额叶皮质
   D. 前额叶皮质、杏仁核、间脑

10. 缩鳃反射的习惯化是因为重复刺激导致
    A. 感受器的适应
    B. 运动神经元失敏
    C. 感觉神经元末梢释放递质减少
    D. 进入运动神经元的钙离子减少

11. 长时程增强的特性包括
    A. 协同性、联合性、传入特异性
    B. 突触特异性、易化性、协同性
    C. 使用依赖性、通路特异性、空间特异性
    D. 传导性、双向性、特异性

12. 运功技巧主要由以下哪个脑区负责
    A. 海马
    B. 杏仁核
    C. 丘脑
    D. 纹状体

13. 海马主要负责的记忆中，以下哪项是**不正确**的
    A. 工作记忆
    B. 运动记忆
    C. 情景记忆
    D. 背景记忆

14. 缩鳃反射的敏感化是因为
    A. 感受器敏感
    B. 运动神经元超敏
    C. 易化性中间神经元激活
    D. 感受器的钙内流增加

15. LTD 指的是
    A. 高频刺激导致突触效能的减低
    B. 低频刺激导致突触效能的减低
    C. 高频刺激导致的长时程突触效能的减低
    D. 低频刺激导致的长时程突触效能的减低

16. 逆行性遗忘症是无法记起
    A. 问话之前的事
    B. 脑损伤后、检查前的事
    C. 脑损伤前一段时间的事
    D. 脑损伤前所有的事

（二）名词解释

1. 学习

2. 记忆

3. 非联合型学习

4. 联合型学习

5. 陈述性记忆

6. 非陈述性记忆

7. 工作记忆

8. 突触可塑性

9. 细胞集合

10. 赫伯定律

11. 顺行性遗忘症

12. 逆行性遗忘症

13. 长时程增强

14. 长时程抑制

（三）问答题

1. 学习是如何进行分类的？

2. 记忆是如何进行分类的？

3. 为什么说记忆痕迹的寻找伴随着整个学习与记忆的研究历程？

4. 海马结构的三突触回路基础是什么？海马有哪些学习与记忆功能？

5. 海兔在学习与记忆研究史上的贡献是什么？

6. LTP有哪些特性？它是如何产生的？

7. 长时程记忆的生化基础是什么？

三、参考答案

（一）单选题

1. D　　2. A　　3. B　　4. C　　5. C　　6. C　　7. D　　8. A　　9. C　　10. C

11. A　　12. D　　13. B　　14. C　　15. D　　16. C

（二）名词解释

1. 学习：是个体获取环境信息、改变自身行为和心理的神经活动过程。

2. 记忆：是将获得的信息进行贮存和提取的神经活动过程。

3. 非联合型学习：不需要在刺激和反应之间形成某种明确联系的学习方式。

4. 联合型学习：是指神经系统在事件与事件之间建立起某种形式的联系或预示关系的学习方式。

5. 陈述性记忆：指可以用语言来描述的关于过去经历或事件的记忆，其内容包括事实、事件、情景以及它们间的相互关系等。

6. 非陈述性记忆：非陈述性记忆指在无意识参与的情况下建立，其内容也无法用语言来描述的记忆。

7. 工作记忆：是瞬时记忆的信息经主动保留或复述后，记忆维持时间得以延续，有利于后续任务的加工和完成。

8. 突触可塑性：指突触可以发生结构和功能上的变化。

9. 细胞集合：指大脑活动对外界刺激的表征，所有被这一刺激同时激活的神经元群。

10. 赫伯定律：当受到外界刺激时，某一特定神经元群被激活并通过彼此之间的联系，相互应答，形成短时记忆；如果这一神经元群被持续激活，则它们之间的联系也相应增强，外界刺激引起脑内的反应也得以巩固。这就是学习与记忆的突触修饰机制。

11. 顺行性遗忘症：指脑损伤后不能形成新的长时记忆。

12. 逆行性遗忘症：指脑损伤以前一段时间的记忆丧失。

13. 长时程增强：是指给予高频强直刺激的条件下，突触后电位长时间地增大。

14. 长时程抑制：是在给予低频重复刺激的条件下，突触后电位长时间地减小。

（三）问答题

1. 学习是如何进行分类的？

答：根据刺激与反应之间是否建立明确的关系将学习方式分为非联合型学习与联合型学习。非联合型学习是无需在刺激和反应之间建立明确联系的学习方式，包括习惯化和敏感化。联合型学习是指神经系统在事件与事件之间建立起某种明确联系的学习方式，主要包括经典条件反射与操作条件反射两种类型。

2. 记忆是如何进行分类的？

答：记忆的分类有以下几种方法。

（1）记忆按信息保存时间分为瞬时记忆、短时记忆和长时记忆。瞬时记忆是指信息被机体的视觉、听觉、触觉等感官系统感知瞬间在脑内所保留的记忆，维持时间仅1~2s。短时记忆指大脑暂时保存信息的过程，维持时间在数秒至数分钟。工作记忆即为短时记忆的一种特殊形式。长时记忆指维持时间更持久、容量更大、无需复述即可保持的记忆，维持时间为数日、数年或终生。

（2）记忆按信息贮存和回忆方式分为陈述性记忆和非陈述性记忆。陈述性记忆是指可以用语言来描述的关于过去经历或事件的记忆，又分为情景记忆与语义记忆。非陈述性记忆是指很难用语言描述的记忆，其主要内容和对象为习得性行为，主要包括：①非联合型学习（习惯化和敏感化）所形成的记忆；②启动效应：指个体对先前出现过的刺激反应速度加快的现象；③程序性记忆；④条件反射所形成的记忆；⑤一些在有意或无意间获得信息的学习与记忆：如感知觉记忆、分类记忆、认知技巧和情绪记忆等。

（3）记忆按意识是否参与分为外显记忆和内隐记忆等。外显记忆是一种有意识的对先前经历、经验的回忆。内隐记忆是一种无意识的与程序动作有关的记忆，主要是操作、技术、方法和过程等的记忆，与程序性记忆密切相关。

3. 为什么说记忆痕迹的寻找伴随着整个学习与记忆的研究历程？

答：记忆痕迹指记忆在脑内的储存位置或是记忆的生物学基质，是学习与记忆的本质和基本问题。在学习与记忆的研究历程中，每一个重要的进展都是围绕着记忆痕迹的寻找，如巴甫洛夫（Pavlov）的脑内"暂时性联系"学说、拉什里（Lashley）的等势原理（principle of equipotentiality）和整体作用原理（principle of mass action）、赫伯（Hebb）的细胞集合学说及突触修饰机制、潘菲尔德（Penfield）的皮质电刺激定位实验、米尔纳（Milner）从遗忘症患者H.M. 发现颞叶的记忆功能、汤姆森（Thompson）的痕迹条件反射研究以及记忆痕迹的细胞电生理指标的研究等。

4. 海马结构的三突触回路基础是什么？海马有哪些学习与记忆功能？

答：内嗅区皮质的传出纤维经过穿通途径与齿状回颗粒细胞的树突形成突触联系；齿状回颗粒细胞的轴突又通过苔状纤维与 CA3 区锥体细胞的顶树突基部形成突触联系；CA3 区锥体细胞轴突发出的谢弗尔侧支则与 CA1 区锥体细胞的顶树突干构成突触联系；CA1 区锥体细胞的轴突又经下托返回至内嗅区皮质。此即海马结构的三突触回路。海马在陈述性记忆尤其是情景记忆中具有关键性作用，主要参与信息的编码和记忆的巩固过程，并参与新近记忆的提取过程，将短时记忆转化为长时记忆，并非长时记忆的最终储存部位。海马在学习与记忆中的功能包括：参与陈述性记忆、空间记忆和情景与背景记忆，参与记忆巩固、新信息的编码、连接以及新信息的提取。

5. 海兔在学习与记忆研究史上的贡献是什么？

答：2000 年诺贝尔奖获得者坎德尔（Kandel）及其同事，用水流喷射或机械探针方法触摸刺激海兔喷水管或外套膜，即引起喷水管和鳃的回缩，称为缩鳃反射。他们利用海兔对其缩鳃反射的习惯化和敏感化、联合型学习等进行了深入的研究，为学习与记忆的细胞和分子机制研究奠定了基础。这些在简单低等生物中发现的机制，后续也在高等动物的学习与记忆相关模型中得到了证实，为科学家们深入探究学习与记忆的机制提供了良好的基础。

6. LTP 有哪些特性？它是如何产生的？

答：在短促高频的电脉冲刺激条件下，突触后场电位长时间显著增强的现象称为突触传递的长时程增强（LTP）。LTP 有三种主要特性：传入特异性、协同性和联合性。LTP 的产生受多重机制调节，以 CA3-CA1 的突触连接为例，突触后膜 NMDA 受体激活所致的 Ca^{2+} 内流增加是 LTP 诱导的关键，而突触后膜 AMPA 受体的数目增加是 LTP 表达的主要机制。LTP 的诱导多发生于 LTP 形成初期，又称早期 LTP，以突触中的 AMPA 受体的化学修饰为主。LTP 的表达包括"沉默"突触的激活和原有 AMPA 受体的突触上受体数目的增加；与 Ca^{2+} 内流激活下游的蛋白激酶 CaMK Ⅱ 和 PKC 级联反应所致的 AMPA 受体磷酸化上调有关。

7. 长时程记忆的生化基础是什么？

答：机体通过感知外界信息，进而修饰脑内突触可塑性的结构与功能而形成记忆。短时记忆涉及的改变可能是一时的，而长时记忆则需要脑内突触结构与功能发生长期、永久的改变。长时记忆最初涉及已有突触蛋白的快速修饰，并启动新的基因转录和蛋白质合成机制，为原有突触提供更多受体和离子通道，并形成更多新突触。使突触传递的短时变化（早期 LTP）转化为更持久的结构性变化，形成晚期 LTP，记忆得到巩固。cAMP-PKA-CREB 介导的基因转录与蛋白质合成机制是短时记忆向长时记忆转化的分子基础。通过 cAMP-PKA-CREB 信号通路的激活，突触的结构可塑性发生改变，神经元之间显著增强的联系能得以长久维持，从而使短时记忆得以巩固，成为长时记忆。

（高志华）

第八章　语言的生理心理

一、教材精要

(一)内容简介

本章介绍了语言的概念,人类语言的发展,儿童语言的发展,语言活动的神经基础包括脑内特化的语言区、语言活动与大脑功能一侧化,语言产生的生理机制包括言语产生、语言理解的脑机制、语言提取的脑机制和读写障碍。

(二)教材知识点

1. 人类语言的发展

(1)语言的概念:语言(language)是由词和语法规则组成的符号系统,通过系统性的口语产生,是人类最重要的交际工具,也是民族的重要特征之一,人类借助语言保存和传递人类文明的成果。

(2)人类语言的发展

1)来自人类学和考古学的证据:尽管目前世界上现存的语言丰富多样,但是其基本的语法、语义和声音等方面均显示出共同属性。乔姆斯基认为不同语言具有共同属性,可以理解为人类只有一种语言。人类学家也从儿童的语言习得中获得了证据。

2)来自神经生物学的证据:语言是人类进化时在集体劳动的过程中为了满足交际的需要而产生的,而且从一开始就是有声的,是劳动创造了语言。来自神经生物学的证据认为,大脑最显著的语言调节区是 Broca 区,位于大脑左半球额叶。损伤 Broca 区不仅仅影响词汇,而且会影响语法和语言的清晰度。

由于脑损害的程度不受任何试验条件控制,所以这些随机的个案研究并不是理想的方法。随着神经生物学研究技术的发展,研究者可以通过一些间接的方法,如磁共振、正电子发射断层扫描来测量血流的微小变化。值得强调的是,大脑特定功能与特定脑区之间的关系并不是一成不变的。

3)来自语言学的证据:关于语言起源的研究主要集中在语言和"原始语言"之间的关系,以及现代语法组织的进化理论。

①原始语言和真正的语言:学习语言的学生可以区分混杂语言。作为与母语不相同的第二语言混合出现时,人们在经常接触的情况下,自然地就习得了混杂语言。混合的过程使得语言传送更快和新的口语语法特征迅速出现。

②实际的语法和想象的语法:美国语言学家乔姆斯基(Noam Chomsky)提出学习语法的能力"很可能是由于其他原因而发展起来的大脑结构属性相伴随而来"的理论。

③)语言起源的手势理论:有人提出人类的语言是从人的手势演变而来的。相比发声,

人的手势也是有意沟通的一种形式。

2. 儿童语言的发展 人类语言是出生后获得的,人脑(包括视、听感觉及发声器官的运动)与人类社会环境在语言的习得中都起重要作用。

(1)儿童语言发展的一般规律:美国语言学家乔姆斯基认为,人类天生具有一个语言习得装置,儿童学习语言的能力是通过遗传获得的一种天赋。尽管人类的语言规则十分复杂抽象,但儿童只要接触到正常的语言环境,就能在短时间内轻松学会母语,没有必要费尽心机地教儿童说话。无论母语是什么,孩子在学习语言时几乎都遵循同样的发展规律。人类共同的语言习得规律为乔姆斯基的理论提供了支持。

研究也证实,人类儿童的语言习得过程大致可以分为简单发音、牙牙学语、单词表达、双词表达以及基本成人语言结构等几个阶段。这些阶段都在0~4岁发生并完成。

(2)语言学习的关键期和环境的影响:关键期是指能够学习某种技能的时间段。敏感期是指进行某一特定类型学习最容易的时间段,但不是唯一的时间。

1)正常儿童研究:莫雷等在研究中指出,"婴幼儿阶段是书面语言学习的关键期",其研究结果表明,识字的敏感期发生在4.5~5岁,而阅读的敏感期发生在4~4.5岁,阅读敏感期先于识字敏感期。鲍秀兰指出,0~3岁是大脑发育最快的时期,是智力发展的关键期;5岁是语言学习的关键期,如果错过了这个敏感时刻,学习效果会明显降低。

2)脱离人类语言环境的孩子们:人类学习语言的本领是一种天赋,然而,语言能力的正常发展同样也离不开适宜的环境。如同人类的其他本领一样,语言能力是先天与后天双重因素共同作用的结果。此外,在个体发育的一定阶段或关键期内,环境因素的作用得到充分体现,否则语言能力很难充分发展。

3)关于聋儿手语学习的研究:聋儿越早学习手势语,他们的交流技能将越好;学习手语开始较晚的聋儿总是赶不上早期开始学习的聋儿。事实上,学习手势语晚的聋儿也赶不上正常人学习第二语言,即使后者也很晚才开始学习第二语言。

3. 语言活动的神经基础

(1)脑内特化的语言区

1)语言中枢

①运动性语言中枢(讲话中枢)——Broca区:1864年,Broca提出语言表达仅受一侧大脑半球控制,并且几乎总是左侧半球。这一观点也得到后来更加科学现代的方法如Wada程序所支持,它是评估两侧大脑半球在语言功能中的作用的。一侧大脑半球在某一特定任务中起到非常重要的作用,这种现象称作优势。Broca将左侧额叶在语言功能中的优势区域叫作"布洛卡区"(Broca's area)。

②听觉性语言中枢(听讲中枢)——Wernicke区:1874年,德国神经病学家Karl Wernicke发现,在不同于Broca区的左侧额叶损害也中断正常的语言功能。这一区域位于听觉皮质和角回之间的顶叶皮质,现在普遍称为威尼克区(Wernicke's area)。

③视运动性语言中枢(书写中枢):视运动性语言中枢位于大脑皮质左半球额中回后部的头、眼和手的运动区,其主要功能是书面语表达。该脑区受损,患者会产生书写障碍,造成"失写症"。

④视觉性语言中枢(阅读中枢):视觉性语言中枢位于角回,顶枕颞叶交界处。角回(angular gyrus):位于顶、枕、颞交界区(联络区/联合区)。角回的功能是对听觉、视觉语言信息进行整合,产生语义以及可能表达的语言符号和句法编码。

2）言语障碍

①失语症的类型及特点

A. 外侧裂周围失语综合征：病变发生在语言优势半球外侧裂周围，并且患者有复述障碍，包括 Broca 区失语症、Wernicke 区失语症和传导性失语。Broca 失语症综合征也称为运动或迟滞性失语症，这类患者即使能够听懂或读懂语言，但是说不出来。Broca 失语症被认为是语言系统运动终端的言语障碍。

B. 经皮质性失语症：包括经皮质感觉失语、经皮质运动性失语和经皮质混合型失语。经皮质感觉性失语一般认为是由于 Wernicke 区之外的广泛性颞顶区域病变所致，症状与 Wernicke 失语相似，但复述正常。

C. 完全性失语症：这是最严重的一种失语，由左侧大脑半球外侧裂附近的广泛性损伤所致，累及区域包括 Broca 区、Wernicke 区、弓状纤维束等。这类患者的语言表达和理解能力均出现严重的障碍，不能听、说、读、写或者复述别人的话。

D. 命名性失语症：患者具有选择性命名障碍，可以正常理解语言，并能说出有意义的语言，但往往不能正确叫出物体的名称，只能用语言描述该物体的属性和功能。其病变在语言优势半球颞中回或颞枕相邻区域。

E. 皮质下失语综合征：病变部位在语言优势半球皮质下结构，包括丘脑和基底节，症状不典型，包括丘脑性失语和基底节性失语，其中前者的症状是音量小、语调低、找词困难、错语，后者的症状是自发言语受限、音量小、语调低。

F. 失语症机制的理论假设：有关失语症患者出现语言理解困难的原因，主要有两种假设：a.已存储的语言知识丢失了；b.不能有效完成对输入语言信息的表征计算。经典的理论观点将失语症的障碍归咎于句法结构或语义知识的丧失。最近的研究提示，失语症存在语言加工的障碍，而没有丧失相关的语义或句法知识。

②失写症和失读症

A. 失写症（agraphia）：表现为书写困难，病变部位在额中回后部。失语症患者的言语不合语法，其书写也往往不合构字法。

B. 失读症（dyslexia）：表现为阅读障碍。失读症包括获得性失读症和发展性失读症。

（2）语言活动与大脑功能一侧化：所谓大脑功能一侧化（lateralization），是指大脑两半球所担负的功能具有不对称性。

1）利手（handedness）与语言功能的半球优势（cerebral dominance）：利手与语言功能的半球优势是人类最重要的两种一侧化现象。半球一侧化可以提高信息处理的速度和效能。大脑不对称是人类特有的观点，现在已经受到了来自脊椎动物、鸟类、哺乳动物和灵长类动物大脑和行为不对称的大量证据的挑战。越来越多的证据表明，大脑不对称是多层面的，因为不同的维度可能有不同的进化轨迹。来自于单侧脑损伤和功能性磁共振成像的证据表明，左侧大脑语言优势和右侧大脑半球对空间注意的优势是独立的。语言和利手的不对称性是相关的，这意味着它们有一个共同的进化轨迹。语言本身是人类独有的，这意味着左半球更是人类所独特、独有的。

2）利手和语言一侧化：右利手的优势和语言左侧半球的一侧化这两种不对称性是有相互关系的，但这种相互关系并不是完美的。利手和语言的大脑不对称性有不同的神经相关。决定利手的主要脑区与初级运动皮质有关（primary motor cortex，M1），M1 区的不对称性反映了利手的方向和强度。相反，语言的大脑不对称性似乎并不涉及 M1 区，而是涉及左侧半球的广泛区域,包括经典的 Broca 区和 Wernicke 区。

3)语言与实践:实践包括使用工具的一些动作,例如使用梳子、牙刷及哑剧。与之相反,失用症(apraxia)指的是失去执行这样的行动能力,通常是脑损伤的后果。左侧大脑半球对语言的优势在解剖和功能不对称方面都是有证据的。作为构成 Wernicke 区的主要部分,绝大多数人左侧颞平面要比右侧大,这种不对称在婴儿的大脑中也是明显的。

4)利手的难题:利手依赖于 M1 区的不对称,而对于实践和语言的大脑不对称性有证据表明涉及更广泛的神经网络,包括前额叶和颞顶区域。语言不对称和手部动作的不对称之间的关系支持语言是从手势中进化来的这一理论,一侧化对于功能的理解和演化有重要的意义。

5)分裂脑的研究:一个大脑纵裂将人脑分成两个不同的大脑半球,由胼胝体连接。两个大脑半球彼此相似,每个半球的结构基本上是另一侧的镜像。然而,尽管在神经解剖上两侧大脑半球非常相似,但是每个皮质半球的功能管理是不同的。

6)脑功能一侧化:目前,任何大脑模块化或脑功能区的一侧化仍处于研究阶段。脑功能一侧化现象可以在左利手和右利手的人群中观察到。语言功能如语法、词汇和字面意思通常是左侧半球优势(左侧化),尤其在右利手的人群中。

4. 语言产生的生理机制

（1）语言产生的脑机制

1)视觉词汇的识别:对视觉词汇的识别有三个假设,①直接通达(direct access)假设:认为能够直接靠对词形的视觉辨认获得词的意义。②语音中介(obligatory phonological mediation)假设:认为必须把词的视觉形式转化为语音形式,然后才能获得词的意义。词义的通达是通过语音的自动激活而实现的,语音对词义的通达起着中介的作用。③双通道(double-routine)假设:认为有关词意义的语义记忆,既可以通过视觉通路直接达到,也可以通过语音通路间接达到。

2)言语产生:言语产生(language production)也叫言语表达(language expression),包括说话和读写,是由思想到说话或书写的过程。通过出声和文字书写方式来使用语言,是人际沟通的重要方式。这个过程非常复杂,大体可以分为三个阶段。①言语动机和意向阶段。②深层结构转向内部语言阶段,思想形成,并激活语义网络中某个符合动机和意向的词,同时兴奋会沿着网络通路自动扩散到临近结点,降低它们被接通的阈限。③形成外部言语阶段:记忆中的发音程序控制发音器官的肌肉活动,发出语言,以有声语言的形式把思想和感情表达出来,需要借助发音器官的特殊运动,具体包括以下四个过程:通过呼吸作用制造发音的能量;透过声带的震动发声;共鸣,即让声音有独特的特质,以便辨认发声者;通过口与舌的动作制造出说话的音素,以便发出清晰的声音。

（2）语言理解的脑机制

1)语言的沟通系统

①原始的沟通系统:首先语言的沟通系统从原始逐渐演化而来。

②最初的语言系统:使用组合的声音形成单词,但没有语法之间的关系,这意味着语言作为词汇/语义系统,但还没有作为一个语法系统出现。

③复杂的沟通系统:使用词语组合(语法)。这意味着语言作为语法系统出现。

2)语言的认知模式构想:语言的认知模式设想,语言表达的产生是由一系列过程组成的。Beck 和 Griffin(2000 年)认为至少包括:①需要说的概念化陈述(conceptual representation）；②词汇检索（lexical retrieval）；③声音的结合与排序（combination and order of sounds）；④发声的规划（articulatory planning）；⑤执行（execution）。这些过程都可在图像命名（picture naming）实验中证实。

（3）语言提取的脑机制

1）语义提取任务：①语义提取作业的内容：包括现存/非现存（living/non-living）判断，具体/抽象（concrete/abstract）判断，联想（association）判断，动词产生，次要特征（subordinate feature）判断和复杂监控（complex monitoring）作业；②执行语义提取任务时，对脑功能活动进行即时的记录，用脑成像技术确定在作业或刺激模式（听觉的词、视觉的词及图像）作用期间持续激活的脑区。

2）语言信息提取的神经模型：组成这个模型的脑区域包括 Broca 区、Wernicke 区、连接上述两区的纤维 - 弓状束（arcuate fasciculus）和角回，还包括接受和加工语言的皮质感觉区和运动区。构成三套用来处理语言提取的系统，第一套系统——概念系统，第二套系统——形成语言系统，第三套系统——介导系统。第一套机构定位在两侧颞叶前部和中间部分，其功能是表达人与外界接触时的所做、所见、所思、所感，并能对此进行归纳分类。

5. **读写障碍**

（1）言语阅读中枢：此中枢位于左半球顶叶的威尼克后部的角回区。其主要功能是把语言转换为视觉信息，又能把文字信息转换为语音，即实现书面语的视觉表象与口语的听觉表象之间的转换。若受损，视觉表象与听觉表象之间的联系就中断，书面语就不能转换为口语，形成书面语阅读障碍，即过去认得的文字现在读不出音，患者能说出听到的词，却不能说出看到的词。这种阅读障碍被称为失读症（dyslexia）。

（2）言语书写中枢：此中枢位于大脑皮质左半球额中回后部的头、眼和手的运动区，其主要功能是书面语表达。该区域若受损，患者产生书写障碍，造成"失写症"（agraphia）。由于书面语和口语都是内部言语的外部表现，所以书写中枢和表达中枢之间有密切联系，当书写能力有较严重障碍时，说话也往往有些困难；反之，当口语表达有较严重障碍时，书写能力也会轻度受损。

（三）本章小结

本节介绍了脑内特化语言区和语言形成的相关知识，与临床心理关系非常密切，涉及的新知识和新理论也较多，掌握起来相对较为困难。脑内特化语言区和语言形成的机制是重点和难点，需要着重掌握。希望在掌握基本脑机制的基础上能够进一步了解语言产生的机制，解决与临床心理有关的问题。

二、复习题

（一）单选题

1. 灵长类动物的叫声包含语义信息，不同的叫声代表不同的含义。切尼和赛法思证明了猴子的叫声具有语义性，他们采用的实验程序为

    A. 去习惯化　　　　　　　　　　B. 习惯化

    C. 非习惯化　　　　　　　　　　D. 间接习惯化

2. 语言学家乔姆斯基认为，儿童学习语言的能力是通过遗传获得的一种天赋，因为人类天生具有一个

    A. 思维形成装置　　　　　　　　B. 思维学习装置

C. 语言习得装置　　　　　　　　　　　D. 语言学习方法

3. 莫雷等在研究中指出"婴幼儿阶段是书面语言学习的关键期",其研究结果表明,识字的敏感期发生在

A. 3~3.5 岁　　　　　　　　　　　　B. 3.5~4 岁

C. 4~4.5 岁　　　　　　　　　　　　D. 4.5~5 岁

4. 失语症**不包括**

A. Broca 失语症　　　　　　　　　　B. 失读症

C. 完全性失语症　　　　　　　　　　D. Wernicke 失语症

5. 言语阅读中枢存在于

A. 角回区　　　　　　　　　　　　　B. 额中回

C. Broca 区　　　　　　　　　　　　D. 额下回

（二）名词解释

1. 语言

2. 布洛卡区

3. 威尼克区

4. 完全性失语症

（三）问答题

1. 试述儿童语言发展的一般规律。

2. 失语症的类型有哪些?

3. 概述大脑功能一侧化。

4. 概述抑郁症与右侧大脑半球的关系。

三、参考答案

（一）单选题

1. B　　2. C　　3. D　　4. B　　5. A

（二）名词解释

1. 语言:语言是一套既定的符号或文字通过系统性的口语产生,并用来作为人类表达、接收信息的工具。

2. 布洛卡区:Broca 将左侧额叶在语言功能中的优势区域称为"布洛卡区"（Broca's area）。

3. 威尼克区:1874 年德国神经病学家 Karl Wernicke 发现,在不同于 Broca 区的左侧额叶损害也中断正常的语言功能。这一区域位于听觉皮质和角回之间的顶叶皮质,现在普遍称为"威尼克区"（Wernicke's area）。

4. 完全性失语症:是最严重的一种失语,由左侧大脑半球外侧裂附近的广泛性损伤所致,累及区域包括布洛卡区、威尼克区、弓状纤维束等。这类患者的语言表达和理解能力均出现严重的障碍,不能听、说、读、写或者复述别人的话。

（三）问答题

1. 试述儿童语言发展的一般规律。

答:美国语言学家乔姆斯基认为,人类天生具有一个语言习得装置,儿童学习语言的能力是通过遗传获得的一种天赋。尽管人类的语言规则十分复杂抽象,但儿童只要接触到正

常的语言环境,就能在短时间内轻松学会母语。无论母语是什么,孩子在学习语言时几乎都遵循同样的发展规律。人类共同的语言习得规律为乔姆斯基的理论提供了支持。研究证实,人类儿童的语言习得过程大致可以分为简单发音、牙牙学语、单词表达、双词表达以及基本成人语言结构等几个阶段。这些阶段都在0~4岁发生并完成。

2. 失语症的类型有哪些?

答:失语症的类型包括:

(1)Broca 失语症:也称为运动或迟滞性失语症,这类患者即使能够听懂或读懂语言,但是不能说出来。Broca 失语症患者讲话存在困难,经常停顿下来寻找合适的词。因为最明显的困难是发出声音,因此 Broca 失语症被认为是语言系统运动终端的言语障碍。语言可以理解但不容易发声,这类患者理解整体上是好的,但是当问到一些棘手的问题就可以看出也存在理解的损害。

(2)Wernicke 失语症:Wernicke 注意到颞上回病变会导致失语,并发现病变导致的综合征与 Broca 失语完全不同。事实上,Wernicke 认为,失语有两种类型:① Broca 失语:语言存在障碍而理解相对正常;② Wernicke 失语:语言是流利的但理解能力很差。尽管这些描述太过于简单,但是有助于我们记住这些综合征。对于 Wernicke 区可能功能的深入了解可以由它的定位来提供,Wernicke 区位于颞上回靠近听觉皮质。Wernicke 区对声音传入的意义可能发挥关键的作用。换句话说,这是一个专门对听到的词汇储存记忆的区域。声音识别障碍可能会解释 Wernicke 失语为什么不能很好地理解语言。

(3)完全性失语症:是最严重的一种失语,由左侧大脑半球外侧裂附近的广泛性损伤所致,累及区域包括布洛卡区、威尼克区、弓状纤维束等。这类患者的语言表达和理解能力均出现严重的障碍,不能听、说、读、写或者复述别人的话。弓状纤维束是连接布洛卡区和威尼克区的一束神经纤维,单纯的弓状束受损会导致传导性失语。这类患者能够理解别人的语言,讲话也流利,但是复述他人言语时表现较差。当要求患者重复完整的句子时,患者会用自己的方式把原句的意思表达出来。

3. 概述大脑功能一侧化。

答:Michael Gazzaniga 和 Roger Wolcott Sperry 在 20 世纪 60 年代对分裂脑患者的研究加深了对功能一侧化的理解。分裂脑患者经历了胼胝体切开(通常用于治疗严重癫痫),即切断胼胝体的很大一部分。胼胝体连接两个大脑半球,并允许它们进行联络。这些连接被切断时,大脑的两侧半球彼此进行联络的能力降低。Gazzaniga 和 Sperry 研究每侧半球对不同的认知和感知过程的贡献,出现了许多有趣的行为现象。他们的主要发现之一是,右侧大脑半球有基本的语言处理能力,但往往没有词汇或语法的能力。但是 Eran Zaidel 也研究了这类患者,并发现了一些证据表明右侧半球至少有一些的语法能力。例如,由于手术、脑卒中或者感染导致脑损伤的患者,有时会出现一种不能感受到他们手存在的症状,但他们无法控制其运动。在胼胝体切开的患者中,外来手综合征最常见,表现为不能控制辅助手的有目的的运动。

一个大脑纵裂将人脑分成两个不同的大脑半球,由胼胝体连接。两个大脑半球彼此相似,每个半球的结构基本上是另一侧的镜像。然而,尽管在神经解剖上,两侧大脑半球非常相似,但是每个皮质半球的功能管理是不同的。例如,一般情况下横向沟回在左侧大脑半球比右侧大脑半球长。

在心理学中,存在一些较为流行的观点,认为两侧大脑半球有相对不同的特性,比如说左侧大脑半球更具"逻辑性"，右侧大脑半球更具"创造性"这样一些标签。这些标签需要谨慎对待，虽然一侧的优势是可以衡量的，这些特性事实上存于两侧；实验研究也没有提供足够的证据支持左右两侧大脑之间的结构性差异与功能性差异的联系。

任何大脑模块化，或脑功能区的一侧化，目前仍处于研究的阶段。如果一个特定的大脑区域甚至是整个半球受伤或毁坏，它的功能有时可以通过邻近区域取得，甚至是可以通过另一侧大脑半球来获得，当然这要取决于受损的区域和患者的年龄。当损害干扰到一侧大脑半球到另一侧大脑半球的通路时，可能存在替代（间接）的连接将分离开的区域进行联络，尽管可能效率比较低下。

大脑功能一侧化也只是一种倾向。实现任何特定的功能时，不同的个体或许有显著的差异。对特定的脑功能存在的因果或影响的不同差异的探索领域包括大体解剖、树突状结构以及神经递质的分布。特定脑功能结构和化学结构在同一个体两侧大脑半球的差异或者不同个体同侧半球的差异尚在研究之中。由于匮乏大脑半球切除术（切除了大脑半球）的患者，目前没有仅仅是"左脑"或"右脑"的人。

脑功能一侧化现象在左利手和右利手以及左耳偏好和右耳偏好的人群中是显而易见的，但一个人的惯用手并没有一个明确的显示大脑功能的位置的迹象。语言功能（例如语义、句法及韵律）在两侧脑区的优势程度可能会有所不同。

以往是通过患者或者尸解死者大脑的途径对大脑功能一侧化进行研究，但存在病理对研究结果潜在影响的问题。新的方法允许在体内研究健康受试者的大脑半球。随着影像技术的研究进展，特别是磁共振成像（MRI）和正电子发射体层摄影（PET）拥有高空间分辨率和成像皮质下大脑结构的能力，使得它们在大脑功能一侧化的研究中显得非常重要。

语言功能如语法、词汇和字面意思通常是左侧半球优势（左侧化），尤其在右利手的人群中，而韵律的语言功能如语调和重音经常为大脑半球右侧化。

4. 概述抑郁症与右侧大脑半球的关系。

答：抑郁症与大脑半球间的不平衡有关，抑郁症患者右侧大脑半球活动过度，左侧大脑半球活动减退。有研究指出，抑郁症的脑功能不对称性与抑郁症特异的症状和表现之间存在潜在的联系。有证据表明，右侧半球选择性地参与处理负性情绪、悲观的想法和缺乏建设性的思维方式，所有这些构成了抑郁症的认知现象，从而提高了与疾病相关的焦虑、应激和疼痛。此外右侧大脑半球介导的警惕和觉醒过程也许可以解释抑郁症患者常常提及的睡眠障碍。右侧大脑半球也与自我反省有关，这使得抑郁症患者有从外部环境退缩转而将注意力内投射到自身的倾向。从生理学的角度看，右侧大脑半球的活动过度与肾上腺皮质醇增多有关，这能导致免疫系统功能恶化，使得抑郁症患者与其他疾病共病的风险加大，导致抑郁症患者的高共病率。相反左侧大脑半球具体涉及处理愉快的经验，其活动减退符合抑郁症快感缺乏的症状特征。左侧大脑半球也相对更多地参与决策过程，这与抑郁症患者常有的犹豫不决相吻合。

（侯彩兰）

第九章　注意的生理心理

一、教材精要

(一)内容简介

本章介绍了注意的概述、注意的认知理论模型、注意的脑机制以及注意缺陷多动障碍的相关知识。

(二)教材知识点

1. 注意的概述

(1)概念：注意是心理活动对一定事物的指向和集中。

(2)注意的指向性：是指心理活动对一定事物的选择。

(3)注意的集中性：是指心理活动或意识在某个方向上的活动的强度和紧张度，心理活动或意识的强度越大，紧张度越高，注意也越集中。

(4)注意分类：根据注意时有无预定目的和是否需要意志努力，可把注意分为无意注意、有意注意和有意后注意三种类型。

1)无意注意：无意注意指一种事先没有预定目的，也不需要付出意志努力的注意。这种注意由于不受意识的控制，所以又叫非随意注意。一般情况下，刺激从无到有或者从有到无，都会引起人的注意；对象的新异性以及对象与背景差别较大时均可引起无意注意。

2)有意注意：有意注意是指事先有预定目的、需要意志努力而产生的注意。有意注意是一种主动地、服从一定活动任务的注意，它受个体的意识调节和支配，因此也叫随意注意。有意注意是受人的意识支配和调节的，是注意的高级形式。

3)有意后注意：有意后注意是指事前有预定目的，但又不需要意志努力的注意。人们一般先通过一定的意志努力才能把自己的注意保持在某项工作上，经过一段时间后，对这项工作逐渐熟悉或发生了兴趣，就可以不需要意志努力而保持注意，但这时的注意仍然是自觉的、有目的的，只不过不需要意志努力了。

2. 注意的脑机制

(1)注意的有关脑区

1)脑干网状结构：脑干网状结构对大脑皮质起着激活和清醒作用，提高对输入信息的接受能力，使注意成为可能。

2)初级感觉皮质：初级感觉皮质的参加是认知活动和注意的基本条件，它在网状结构激活下自动加工，同时受到其他皮质(扣带回、额叶皮质)的调节和控制。

3)边缘系统：在边缘系统中存在着大量的神经元，它们不对特殊通道的刺激作出反应，而对刺激的每一变化作出反应。因此，当环境中出现新异刺激时，这些细胞就会活动起来，而对已经习惯了的刺激不再反应。这些神经元也叫"注意神经元"。它们是对信息进行选择的重要器官，是保证有机体实现精确选择的行为方式的重要器官。

4）大脑额叶：大脑额叶（frontal lobe）是产生注意的最高部位。大脑额叶不仅对皮质下组织起调节控制作用，而且是主动地调节行动、对信息进行选择的重要器官。大脑额叶与注意的选择性关系极大，在分出某种刺激并抑制干扰刺激的反应上，额叶起到重要的作用。因此，额叶在高级的有意注意中起决定性的作用。

（2）无意注意与朝向反射：无意注意可以看成是一种被动的非选择性注意过程，在这个过程中，新异刺激在引起无意注意中具有重要的意义。所谓的新异刺激是指突然出现的、未预料到的、具有足够强度的刺激。朝向反应就是由于新异刺激引起的一种反射活动，表现为机体现行活动的突然中止，头面部甚至整个机体转向新异刺激发出的方向。朝向反应是无意注意的生理基础。

朝向反射从形式上来讲虽然与注意的初级形式——无意注意有某些相似之处，系统探查朝向反射的生理反应确实有助于了解其生理机制，但是伴随着朝向反射所出现的复杂生理变化是多成分的，其中有些与无意注意之间的关系目前尚不十分明确。由于注意总是伴随着认知活动，有时还会引起一定的情绪反应，因此认知加工与情绪反应的影响给精细分析朝向反射所有特异的生理变化带来了很大困难。另外，朝向反射一开始可能带有无条件反射性质，当环境中有新异刺激出现时，有机体不由自主地去注意它，这就是朝向反射初期的具体表现。在这种无条件发射的基础上还会发展为条件性的朝向反应，如人类有意识地探索、观察活动等，这种条件性的朝向反射主要受人们的需要、动机和活动目的所支配。

（3）朝向反应的事件相关电位：最早的著名经典实验范式称为"怪球范式"（oddball paradigm），即在以85%以上大概率呈现的刺激序列中，呈现概率＜15%的偶然刺激会引起"新奇感"。因此，小概率事件构成了新异刺激，此时在额叶引出较明显的高峰值正波，其潜伏期在250~500ms，称之为P3a波。在"怪球范式"中，作为朝向反应的中枢成分P3a波除了在额区能够记录到外，还在很多的头皮部位能够记录到，如顶区和颞区，但这两个部位记录到的正波潜伏期比P3a波略长，也在250~500ms，被称之为P3b波。

（4）神经活动模式匹配理论：前苏联心理学家索科洛夫（Sokolov）基于神经心理学的大量研究证据提出了有关心理活动的脑功能系统理论，认为任何心理现象都是人脑多个功能系统联合协同作用的结果。朝向反应则是一个包括许多脑结构在内的复杂系统的功能表现。这一功能系统最显著的特点是它在新异刺激作用下形成的新的刺激模式与先前相关的神经系统活动模式之间的不匹配，这就是朝向反应的生理基础。刚刚发生的外部刺激在神经系统内形成了某些神经元组合的固定反应模式。如果同一刺激重复呈现，传入信息与已形成的反应模式相匹配，朝向反应就会消退。因此，在一串重复刺激中，只有前几次刺激才能最有效地引出朝向反应。几次刺激之后或者几秒钟之后，朝向反射就消退。但当刺激因素发生变化，新的传入信息与已形成的神经活动模式不相匹配，则朝向反应又重新建立起来。索科洛夫认为，无论是首次应用新异刺激引起的朝向反射，还是它在消退以后刺激模式变化所再次引起的朝向反射，都由同一神经活动模式匹配的机制所实现的。

（5）丘脑网状核闸门控制理论：这个理论以神经生理学关于网状非特异系统的功能为基础，认为中脑网状结构弥漫地调节着脑的活动是无意注意产生的基础。而额叶 - 内侧丘脑系统对无关刺激引起的神经信息发生抑制作用，从而选择性调节有意注意。在无意注意和有意注意两个功能系统中，丘脑网状核起着闸门作用，调节着选择性注意机制，因此成为丘脑网状核闸门控制理论。

（6）注意网络学说：美国科学院院士波斯纳（Posner）在大量心理学和生物学研究的基础上提出了注意网络学说，将注意的脑机制概括为三个功能网络：定向网络（orientating network）、执行网络（executive network）和警觉网络（alerting network）。这三个网络以不同的作用参与注意的过程，而且在结构和功能上都是相对独立的。

1）定向网络：注意的定向是指从各种感觉信息中选择相关信息的过程，定向的重要功能能使我们快速忽略无关信息，搜索到相关的目标。定向网络主要由后顶叶、中脑的上丘和丘脑枕核共同完成。

2）执行网络：当注意转移到新的目标或位置后，执行网络就开始发挥作用。执行网络的主要功能是实现选择注意的执行。神经心理学研究提示，额叶的一些区域包括扣带回和辅助运动区参与注意的执行，有时基底神经节也参与这一功能的完成。

3）警觉网络：警觉网络的功能是调节注意的保持与持久。只要人处于警觉状态就可以把注意力集中在精神生活的某些方面，并且能够表现出不同范围和不同程度的注意。脑干的蓝斑、右侧额叶和顶叶可能是警觉网络的主要组成部分。

3. 注意的认知理论模型

（1）注意的知觉选择模型——过滤器模型：1958 年英国著名心理学家布罗德本特（Broadbent）提出过滤器模型（Filter Model）。该模型认为人的中枢神经系统对信息加工的能力是有限的，在面对大量的甚至无限的外界信息时，神经系统必须对信息进行过滤和选择。过滤器模型认为，为了保证中枢神经系统对信息加工的有效性，在刺激被识别之前，中枢神经系统会依据刺激的物理特征对感觉刺激进行选择性过滤，过滤后的信息被送到单一有限的通道进行进一步的加工，然后进行反应或储存。而没有被选择的信息将不再进一步的加工，这一理论也叫瓶颈理论或单通道理论。

（2）注意的知觉选择模型——反应选择模型：注意的反应选择模型由 Deutch 于 1963 年提出，并由 Norman 于 1968 年加以完善。Deutc 和 Norman 认为，输入的信息先经过分析，进行自动识别加工和语义加工，然后才进入过滤器或衰减装置，对信息的选择发生在信息加工后期的反应阶段。也就是说，一切输入的信息先进行感觉登记，然后进行知觉分析，最后输出信息，对输出的信息进行反应。至于哪种信息被输送出来并进行反应这与信息的重要性有关。一般而言，只有对重要的信息才会进行反应，而不重要的信息可能很快被新的内容冲掉。由于反应选择模型对信息的选择发生在做出反应之前，自动识别之后，因此该模型称为注意的反应选择模型、后期选择模型，有人也称之为完善加工理论或记忆选择理论。

（3）注意的能量分配模型：中枢神经系统对信息加工所需要的认知资源不是无限的，在有限能量或资源的基础上，卡赫曼（Kaheman）于 1973 年提出了能量分配模型。他认为与其把注意看成一个容量有限的加工通道，不如把注意看作一组对信息进行识别加工的认知资源或认知能力，而且这些资源是有限的。对刺激的识别需要占用认知资源，当刺激越复杂或加工的任务越复杂，占用的认知资源就越多。当认知资源完全被占用时，新的刺激将得不到进一步的加工，也就是说得不到注意。

4. 注意缺陷

（1）不注意视盲：当注意集中在某一事物时，我们对其他事物或现象常常没有注意或不注意。也就是说当我们专注于某件事时，往往会忽视出现在眼前的其他事物，这是"不注意视盲"(inattentional blindness)。

（2）注意缺陷多动障碍：注意缺陷多动障碍（attention deficit hyperactivity disorder, ADHD）是儿童期常见的一种行为障碍。患者主要表现为注意力难以集中、冲动任性、学习困难、爆发情绪等症状，甚至出现一些严重的行为问题，如打架、逃学、说谎、诈骗等。可能的发病机制如下：

1）遗传和神经化学因素：分子遗传学研究表明与 ADHD 关联的基因变异体主要有多巴胺 D_4 受体（DRD_4）基因第 3 外显子上 48bp 重复多态性、多巴胺转运体（DAT1）基因 480bp 重复多态性、儿茶酚胺氧位甲基转移酶（COMT）基因 158 密码子上多态性以及 X 染色体上 DXS7 基因座突触体维系蛋白 -25（SNAP-25）基因多态性等，ADHD 儿童上述基因变异率高于正常儿童。

2）轻度脑损伤和脑发育迟缓因素：有人认为母孕期的营养不良、疾病、接受 X 线照射、分娩期早产、难产、缺氧窒息以及生后的颅脑外伤、炎症、高热惊厥、中毒等均可造成脑损伤，尤其是额叶皮质受损可出现 ADHD 症状。

3）社会心理因素：有研究表明，家庭因素对 ADHD 的发展产生影响，例如父母的文化程度与 ADHD 有关，认为 ADHD 儿童的父母文化程度多在初、中等水平，父母一方受过高等教育者仅占 7.6%，明显低于对照组。其次，单亲家庭或父母一方患有精神病、酗酒和行为不端以及"温暖被剥夺"的小儿易出现 ADHD 症状。此外，父母对孩子的教养方式也会对 ADHD 产生影响。

（三）本章小结

本章介绍了注意的相关知识，尤其对注意的脑机制进行了重点介绍。此部分内容理论内容较多，掌握起来相对较为困难，产生机制是重点和难点，需要着重掌握。关于注意的研究越来越多，希望在掌握基本脑机制的基础上能够进一步理解注意产生的机制，解决生活中常见的注意相关问题。

二、复习题

（一）单选题

1. 巴甫洛夫认为新异刺激的朝向反应本质是脑内发生了
   A. 内抑制
   B. 外抑制
   C. 分化抑制
   D. 条件抑制

2. 生理心理学家们普遍认为的朝向反应最稳定的重要生理指标是
   A. 皮肤电变化
   B. 心率
   C. 血压
   D. 呼吸

3. 小概率事件引发朝向反射的有用的脑中枢生理指标是从脑额叶引出
   A. P3a 波
   B. P3b 波
   C. P2a 波
   D. P2b 波

4. Postner 将注意的脑机制概括为三个功能网络，其中不包括
   A. 定向网络
   B. 执行网络
   C. 警觉网络
   D. 整合网络

5. 参与感觉刺激和空间位置定向功能的是
   A. 后顶叶皮质、上丘和丘脑枕核
   B. 中额叶皮质

C. 中脑蓝斑、右顶叶和右前额叶　　　　　D. 颞叶

6. 执行网络实现选择注意执行的主要脑结构是

A. 后顶叶皮质、上丘和丘脑枕核　　　　　B. 中额叶皮质

C. 中脑蓝斑、右顶叶和右前额叶　　　　　D. 颞叶

7. 警觉网络实现注意保持和持久的调节功能的主要脑结构是

A. 后顶叶皮质、上丘和丘脑枕核　　　　　B. 中额叶皮质

C. 中脑蓝斑、右顶叶和右前额叶　　　　　D. 颞叶

8. 由新异性强刺激引起机体产生的一种反射活动,表现为机体突然中止现有活动,将头面部甚至整个机体转向新异刺激发生的方向,这种反射活动是

A. 随意注意　　　　　　　　　　　　　　B. 朝向反应

C. 条件反射　　　　　　　　　　　　　　D. 非条件反射

（二）名词解释

1. 注意

2. 无意注意

3. 新异刺激

4. 朝向反应

5. 怪球范式

6. P3a

7. 不注意视盲

（三）问答题

1. 反应选择模型与知觉选择模型的主要区别是什么?

2. 与注意有关的脑区有哪些?

3. 试述无意注意与朝向反射的关系。

4. 神经活动模式匹配理论的观点是什么?

5. 试述丘脑网状核闸门控制理论。

6. 试述注意的网络学说。

7. 注意缺陷多动障碍的可能发病机制有哪些?

三、参考答案

（一）单选题

1. B　　2. A　　3. A　　4. D　　5. A　　6. B　　7. C　　8. B

（二）名词解释

1. 注意:是心理活动对一定事物的指向和集中。

2. 无意注意:指一种事先没有预定目的,也不需要付出意志努力的注意。这种注意由于不受意识的控制,所以又叫非随意注意。

3. 新异刺激:是指突然出现的、未预料到的、具有足够强度的刺激。

4. 朝向反应:是由于新异刺激引起的一种反射活动,表现为机体现行活动的突然中止,头面部甚至整个机体转向新异刺激发出的方向。朝向反应是无意注意的生理基础。

5. 怪球范式:即在以85%以上大概率呈现的刺激序列中,呈现概率＜15%的偶然刺激会引起"新奇感"。

6. P3a：在"怪球范式"中，小概率事件构成了新异刺激，此时在额叶引出较明显的高峰值正波，其潜伏期在250~500ms，称之为P3a波。

7. 不注意视盲：当注意集中在某一事物时，我们对其他事物或现象常常没有注意或不注意。也就是说，当我们专注于某件事时，往往会忽视出现在眼前的其他事物，这是"不注意视盲"（inattentional blindness）。

（三）问答题

1. 反应选择模型与知觉选择模型的主要区别是什么？

答：反应选择模型与知觉选择模型的主要区别在于对注意机制在信息加工系统中所处的位置有不同看法。根据知觉选择模型，注意所起的作用位于觉察和识别之间，这说明不是所有信息都能进入高级分析而被识别；根据反应选择模型，注意所起的作用位于识别和反应之间，这说明多个输入通道的信息均可被识别，但只有一部分可引起反应，故该模型也叫后期选择模型。

2. 与注意有关的脑区有哪些？

答：（1）脑干网状结构：脑干网状结构对大脑皮质起着激活和觉醒作用，提高对输入信息的接受能力，使注意成为可能。

（2）初级感觉皮质：初级感觉皮质的参加是认知活动和注意的基本条件，它在网状结构激活下自动加工，同时受到其他皮质（扣带回、额叶皮质）的调节和控制。

（3）边缘系统：在边缘系统中存在着大量的神经元，他们不对特殊通道的刺激作出反应，而对刺激的每一变化作出反应。因此，当环境中出现新异刺激时，这些细胞就会活动起来，而对已经习惯了的刺激不再反应，这些神经元也叫"注意神经元"。它们是对信息进行选择的重要器官，是保证有机体实现精确选择的行为方式的重要器官。

（4）大脑额叶：大脑额叶（frontal lobe）是产生注意的最高部位。大脑额叶不仅对皮质下组织起调节控制作用，而且是主动地调节行动、对信息进行选择的重要器官。大脑额叶与注意的选择性关系极大，在分出某种刺激并抑制干扰刺激的反应上，额叶起到重要的作用。因此，额叶在高级的有意注意中起决定性的作用。

3. 试述无意注意与朝向反射的关系。

答：无意注意可以看成是一种被动的非选择性注意过程，在这个过程中，新异刺激在引起无意注意中具有重要的意义。所谓的新异刺激是指突然出现的、未预料到的、具有足够强度的刺激。朝向反应就是由于新异刺激引起的一种反射活动，表现为机体现行活动的突然中止，头面部甚至整个机体转向新异刺激发出的方向。朝向反应是无意注意的生理基础。

朝向反射从形式上来讲虽然与注意的初级形式——无意注意有某些相似之处，系统探查朝向反射的生理反应确实有助于了解其生理机制，但是伴随着朝向反射所出现的复杂生理变化是多成分的，其中有些与无意注意之间的关系目前尚不十分明确。由于注意总是伴随着认知活动，有时还会引起一定的情绪反应，因此认知加工与情绪反应的影响给精细分析朝向反射所有特异的生理变化带来了很大困难。另外，朝向反射一开始可能带有无条件反射性质，当环境中有新异刺激出现时，有机体不由自主地去注意它，这就是朝向反射初期的具体表现。在这种无条件发射的基础上还会发展为条件性的朝向反应，如人类有意识地探索、观察活动等，这种条件性的朝向反射主要受人们的需要、动机和活动目的所支配。

4. 神经活动模式匹配理论的观点是什么？

答：前苏联心理学家索科洛夫（Sokolov）基于神经心理学的大量研究证据提出了有关心

理活动的脑功能系统理论,认为任何心理现象都是人脑多个功能系统联合协同作用的结果。朝向反应则是一个包括许多脑结构在内的复杂系统的功能表现。这一功能系统最显著的特点是它在新异刺激作用下形成的新的刺激模式与先前相关的神经系统活动模式之间的不匹配,这就是朝向反应的生理基础。刚刚发生的外部刺激在神经系统内形成了某些神经元组合的固定反应模式。如果同一刺激重复呈现,传入信息与已形成的反应模式相匹配,朝向反应就会消退。因此,在一串重复刺激中,只有前几次刺激才能最有效地引出朝向反应。几次刺激之后或者几秒钟之后,朝向反射就消退。但当刺激因素发生变化,新的传入信息与已形成的神经活动模式不相匹配,则朝向反应又重新建立起来。索科洛夫认为无论是首次应用新异刺激引起的朝向反射,还是它在消退以后刺激模式变化所再次引起的朝向反射,都由同一神经活动模式匹配的机制所实现的。

5. 试述丘脑网状核闸门控制理论。

答:这个理论以神经生理学关于网状非特异系统的功能为基础,认为中脑网状结构弥漫地调节着脑的活动是无意注意产生的基础。而额叶 - 内侧丘脑系统对无关刺激引起的神经信息发生抑制作用,从而选择性调节有意注意。在无意注意和有意注意两个功能系统中,丘脑网状核起着闸门作用,调节着选择性注意机制,因此成为丘脑网状核闸门控制理论。

6. 试述注意的网络学说。

答:美国科学院院士波斯纳(Posner)在大量心理学和生物学的研究基础上提出了注意网络学说,将注意的脑机制概括为三个功能网络:定向网络(orientating network)、执行网络(executive network)和警觉网络(alerting network)。这三个网络以不同的作用参与注意的过程,而且在结构和功能上都是相对独立的。

(1)定向网络:注意的定向是指从各种感觉信息中选择相关信息的过程,定向的重要功能能使我们快速忽略无关信息,搜索到相关的目标。定向网络主要由后顶叶、中脑的上丘和丘脑枕核共同完成。

(2)执行网络:当注意转移到新的目标或位置后,执行网络就开始发挥作用了。执行网络的主要功能是实现选择注意的执行。神经心理学研究提示,额叶的一些区域包括扣带回和辅助运动区参与注意的执行,有时基底神经节也参与这一功能的完成。

(3)警觉网络:警觉网络的功能是调节注意的保持与持久。只要人处于警觉状态就可以把注意力集中在精神生活的某些方面,并且能够表现出不同范围和不同程度的注意。脑干的蓝斑、右侧额叶和顶叶可能是警觉网络的主要组成部分。

7. 注意缺陷多动障碍的可能发病机制有哪些?

答:注意缺陷多动障碍(attention deficit hyperactivity disorder, ADHD)是儿童期常见的一种行为障碍。患者主要表现为注意力难以集中、冲动任性、学习困难、爆发情绪等症状,甚至出现一些严重的行为问题,如打架、逃学、说谎、诈骗等。可能的发病机制如下:

(1)遗传和神经化学因素:分子遗传学研究表明,与 ADHD 关联的基因变异体主要有多巴胺 D_4 受体(DRD4)基因第 3 外显子上 48bp 重复多态性、多巴胺转运体(DAT1)基因480bp 重复多态性、儿茶酚胺氧位甲基转移酶(COMT)基因 158 密码子上多态性以及 X 染色体上 DXS7 基因座突触体维系蛋白 -25(SNAP-25)基因多态性等,ADHD 儿童上述基因变异率高于正常儿童。

(2)轻度脑损伤和脑发育迟缓因素:有人认为母孕期的营养不良、疾病、接受 X 线照射、分娩期早产、难产、缺氧窒息以及生后的颅脑外伤、炎症、高热惊厥、中毒等均可造成脑损伤,尤其是额叶皮质受损可出现ADHD症状。

（3）社会心理因素:有研究表明,家庭因素对ADHD的发展产生影响,例如父母的文化程度与ADHD有关,认为ADHD儿童的父母文化程度多在初、中等水平,父母一方受过高等教育者仅占7.6%,明显低于对照组。其次,单亲家庭或父母一方患有精神病、酗酒和行为不端以及"温暖被剥夺"的小儿易出现ADHD症状。此外,父母对孩子的教养方式也会对ADHD产生影响。

（杨秀贤）

第十章　情绪的生理心理

一、教材精要

(一)内容简介

本章介绍了情绪的分化与分类、情绪的理论、情绪的脑机制以及情绪反应及其相关障碍的有关知识。

(二)教材知识点

1. 情绪的起源与产生理论

(1)情绪的概念:情绪是人脑的高级功能,是人脑对客观环境是否符合自身需要而产生的态度体验。

(2)情绪的基本分类:一般认为有四种基本情绪,即喜、怒、哀和惧。

1)喜——快乐:快乐是一种感受良好时的情绪反应,一般来说,是一个人盼望和追求的目的达到后产生的情绪体验。由于需要得到满足,愿望得以实现,心理的急迫感和紧张感解除,快乐随之而生。快乐的程度取决于多种因素,包括所追求目标价值的大小、在追求目标过程中所达到的紧张水平、实现目标的意外程度等。

2)怒——愤怒:愤怒是指在实现目标时受到阻碍,而使愿望无法实现时产生的情绪体验。愤怒时紧张感增加,并且有时不能自我控制,甚至可能出现攻击行为。愤怒的程度取决于干扰的程度、干扰的次数与挫折的大小。愤怒的引起在很大程度上依赖于对障碍的意识程度。这种情绪对人的身心的伤害也是非常明显的。

3)哀——悲哀:悲哀也称悲伤,是指心爱的事物失去时,或理想和愿望破灭时产生的情绪体验。悲哀的程度取决于失去的事物对自己的重要性和价值。悲哀时带来的紧张的释放,会导致哭泣。当然,悲哀并不总是消极的,它有时能够转化为前进的动力。

4)惧——恐惧:恐惧是企图摆脱和逃避某种危险情景而又无力应付时产生的情绪体验。所以,恐惧的产生不仅仅是由于危险情景的存在,还与个人排除危险的能力和应付危险的手段有关。一个初次出海的人遇到惊涛骇浪或者鲨鱼袭击会感到恐惧无比,而一个经验丰富的水手对此可能已经司空见惯,泰然自若。

在以上这四种基本情绪的基础之上,可以派生出众多的复杂情绪,如厌恶、羞耻、悔恨、嫉妒、喜欢、同情等。

(3)情绪状态:是指在一定的生活事件影响下,一段时间内各种情绪体验的一般特征表现。

(4)情绪状态的分类:根据情绪状态的强度和持续时间可分为心境、激情和应激。

1)心境:心境是一种比较微弱、持久、具有渲染性的情绪状态。具有弥漫性,它不是关于某一事物的特定体验,而是以同样的态度体验对待一切事物。喜、怒、哀、惧等各种情绪都可能以心境的形式表现出来。一种心境的持续时间依赖于引起心境的客观刺激的性质,如失去亲人往往使人产生较长时间的郁闷心境;再如"感时花溅泪,恨别鸟惊心"。心境对个体既有积极的影响,也会产生消极的影响。良好的心境有助于积极性的发挥,可以提高工作学习效率;不良的心境会使人沉闷,妨碍工作学习,影响人们的心身健康。所以,保持一种积极健康、乐观向上的心境对每个人都有重要意义。

2)激情:激情是一种持续时间短、表现剧烈、失去自我控制力的情绪,激情是短暂的爆发式的情绪体验。人们在生活中的狂喜、狂怒、深重的悲痛和异常的恐惧等都是激情的表现。和心境相比,激情在强度上更大,但维持的时间一般较短暂。激情通过激烈的言语爆发出来,是一种心理能量的宣泄,从一个较长的时段来看,对人的心身健康的平衡有益,但过激的情绪也会使当时的失衡产生可能的危险。特别是当激情表现为惊恐、狂怒而又爆发不出来的时候,会出现全身发抖、手脚冰凉、小便失禁、浑身瘫软等症状。

3)应激:应激是指个体对某种意外的环境刺激所做出的适应性反应,是个体觉察到环境的威胁或挑战而产生的适应或应对反应。比如,人们遇到突然发生的火灾、水灾、地震等自然灾害时,刹那间人的身心都会处于高度紧张状态之中。此时的情绪体验,就是应激状态。应激既有积极作用,也有消极作用。一般应激状态使机体具有特殊的防御或排险功能,使人精力旺盛,活动量增大,思维特别清晰,动作机敏,帮助人化险为夷,及时摆脱困境。但应激也会使人产生全身兴奋,注意和知觉的范围缩小,言语不规则、不连贯,行为动作紊乱等表现。紧张而又长期的应激甚至会导致休克和死亡。

2. **情绪研究的理论**

(1)詹姆斯-兰格情绪外周学理论:该理论认为情绪就是对有机体内部和外部生理变化的意识,情绪是内脏活动的结果,是对身体变化的知觉,强调情绪的产生是自主神经活动的产物,后人称它为情绪的外周理论,即情绪刺激引起身体的生理反应,而生理反应进一步导致情绪体验的产生。

(2)坎农-巴德的丘脑情绪理论:该理论认为情绪的中心不在外周神经系统,而是中枢神经系统的丘脑。情绪体验和生理变化是同时发生的,它们都受到丘脑的控制。坎农又根据以下事实提出了情绪丘脑说:①切去脑皮质(丘脑保留)的动物表现过分的愤怒反应,丘脑切除,其反应则消失;②丘脑单侧的伤害,会增加来自身体该侧面的情绪成分;③对于人类,影响丘脑一边的肿瘤会影响单侧的情绪表现;④轻度的麻醉引起脑皮质对下级中枢控制的短暂伤害或疾病引起的永久伤害,时常会不由自主地发出哭与笑的表情。他认为,当丘脑神经被激动起来时,专门性质的情绪才附加到简单的感觉上。

(3)沙赫特-辛格的认知情绪理论:该理论提出,对于特定的情绪来说,有两个因素是必不可少的。①个体必须体验到高度的生理唤醒,如心率加快、手出汗、胃收缩、呼吸急促等;②个体必须对生理状态的变化进行认知性的唤醒。通过实验证明,人对生理反应的认知和了解决定了最后的情绪经验。这个结论并不否定生理变化和环境因素对情绪产生的作用。

3. **情绪的脑机制**　大量研究表明,情绪的产生主要由大脑中的神经元回路所控制,这些回路整合加工情绪信息进而产生情绪。产生情绪的神经回路包括前额皮质、杏仁核、海马、前部扣带回及腹侧纹状体等。

(1)情绪加工的脑区分工

1)下丘脑:坎农-巴德的情绪理论表明下丘脑对情绪的产生有重要的作用,同时,脑损伤实验及神经电生理研究也表明下丘脑是情绪反应的重要表达中枢。

研究者发现猫或者狗在切除了下丘脑后部之前的大脑皮质后会出现与正常动物相似的攻击行为,而且这种行为在受到轻微的刺激时就会被激怒。但是这些攻击行为并没有直接攻击的特定目标,因此研究者用"假怒"来描述这种行为的特征。当切除的组织包括下丘脑后部时,假怒的行为即可终止,进一步研究表明引起假怒的关键部位是下丘脑后部。

郝斯采用立体定位技术对下丘脑不同区域进行了一系列电刺激实验,实验发现刺激下丘脑不同区域会使动物产生不同的反应。刺激猫下丘脑的不同区域可引起两种不同形式的攻击行为:当刺激内侧下丘脑时会引起情感性攻击行为,此时的攻击行为在很大程度上具有表演成分,攻击过程中往往伴随怒叫,并作出威胁性的姿势;当刺激外侧下丘脑时则引起摄食性攻击行为,猫会直接攻击老鼠的致命处,将其杀死后吃掉,并不发出叫声,没有过分的表演成分。

2)帕佩茨环路:Papez 环路主要由下丘脑、丘脑前核、扣带回、海马以及这些结构之间的联系组成。海马将信息首先传给扣带回,然后通过穹窿传到下丘脑乳头体。反过来,下丘脑也可以通过乳头体、前丘脑将信息传到扣带回,如此形成了传递情绪信息的神经环路,帕佩茨构想的这个神经环路被称为"Papez"环。

3)边缘系统:边缘系统是由边缘叶和相关的皮质下结构构成的,主要包括隔区、扣带回、海马旁回、海马和齿状回、杏仁核等。①杏仁核:杏仁核又称杏仁核复合体,是位于内侧颞叶的海马前部一组形似杏仁的结构,包括皮质内侧核群、基底外侧核群和中央核群。它是边缘系统的皮质下中枢,有调节内脏活动和产生情绪的功能。杏仁核对情绪的调节是通过下丘脑和自主神经系统来实现的。外部感觉刺激经两条通路到达下丘脑的情绪反应中枢:第一条是感觉信息到达丘脑后,经杏仁核直接到达下丘脑的情绪反应中枢,此通路信息传递快捷,但信息加工粗糙,对情绪的即刻迅速反应有重要意义,这条通路又被称为情绪的低级通路(low route);另一条是感觉刺激由丘脑到达相应的感觉皮质,再到达下丘脑,这条通路对情绪信息的加工非常精细,对刺激的分析更全面和彻底,但通路迂回,不利于在紧急情况下作出迅速的反应,这条通路又被称为情绪的高级通路(high route)。低级通路可以让杏仁核快速接受信息,并做好准备状态,当高级通路传入的复杂的、与情绪相关的信息到来时,能在高级中枢的支配下作出适应反应;还能使杏仁核在新皮质下达的神经信息到来之前抢先作出反应。杏仁核对恐惧和愤怒情绪的表达识别显得较为重要,并且杏仁核参与处理学习获得的情绪反应,各种学习过的情绪,尤其是恐惧和焦虑,通过杏仁外侧基底核传入杏仁核群。②海马:海马作为边缘系统的一部分被认为与情绪相关。帕佩茨环路也指出,海马在情绪加工的核心过程中起着重要作用。海马是大脑中糖皮质激素类受体密度很高的部位,在情绪调节中很重要。杏仁核-海马的交互系统被公认是情绪和记忆交互作用的基本神经机制。③前扣带回:前扣带回皮质也被认为是边缘系统的一部分,传统上认为这一区域在抑郁和情绪障碍的神经生物学中具有重要作用。前扣带回皮质参与诸如内隐学习、决策和注意等多个认知过程。前扣带回皮质通过与杏仁核和其他脑区的联结,参与社会认知中对他人情绪的理解。④隔区:隔区是两侧脑室前部的中隔结构,主要接受来自下丘脑、海马、杏仁核、视前区和中脑网状结构的传入纤维。它的传出纤维与海马交互连接。隔区与海马之间的双相纤维联系使两者在生理功能上关系更为密切。隔区毁损实验表明动物立即出现发怒反应的增强和感情异常的"隔综合征",动物对抚摸刺激及温度变化出现反应增强。故隔区也被称为"奖赏中枢",隔区不是引起奖赏效应的唯一脑区。外侧下丘脑、内侧前脑束和中脑腹侧被盖区等脑区也都具有电刺激的奖赏功能。

4）大脑皮质：①前额皮质（PFC）：研究表明左 PFC 与趋近系统和积极感情有关，右 PFC 与消极感情和退缩有关。2001 年 Miller 和 Cohen 在已有研究的基础上，提出了一个综合的前额功能理论，认为 PFC 维持对目标的表征，并实现达到目标的方法。腹内侧 PFC 与对未来积极和消极感情后果的期待有关。②眶额皮质：在大脑皮质中，前额皮质与情绪的关系中，眶额皮质对情绪行为具有重要的控制作用。眶额皮质位于额叶的基底部，它是覆盖于眼眶之上的大脑皮质，因此称为眶额皮质。它接受来自丘脑背内侧核、杏仁核、扣带回以及嗅、味、躯体感觉及视觉信息的输入，输出到基底神经节、下丘脑及脑干、杏仁核及前扣带回皮质。这种解剖联系赋予眶额皮质一种类似杏仁核的能力，即整合来自不同方面的感觉信息，通过反馈联系调制感觉及其他认知加工，是情绪信息的高级整合中心。眶额皮质参与了对刺激物的情绪性和动机性学习，眶额区受损的动物，奖励性学习受到破坏，主要表现为转向学习的缺失，它们反复地对先前与奖励相关的刺激作出反应而不是转向对当前强化刺激作反应。近期一些研究显示，眶额皮质参与了基于奖赏评估进行决策制订的情绪加工过程。眶额皮质负责处理在社会情境中习得的惩罚性或厌恶性事件的情绪反应，当眶额皮质损伤时，会导致无法为很可能产生不利后果的行为提供情绪性预警实验。③脑岛：脑岛又被译成岛叶，脑岛是大脑皮质的一部分。它与额叶、颞叶和顶叶的皮质相连通。额叶、颞叶和顶叶在面向外侧裂，与脑岛相邻的部分叫做"岛盖"。脑岛有时也被称为"赖耳岛"。脑岛皮质是内脏、味觉、躯体感觉、视觉和听觉神经的汇聚之处，并与杏仁核、下丘脑、扣带回、眶额皮质有交互连接。脑岛主要参与厌恶、悲伤、害怕、愤怒等厌恶情绪的加工过程。很多脑成像研究也表明，脑岛前部与受到视觉或味觉的厌恶刺激时厌恶情绪的表达有关，还与识别他们的厌恶表情有关。脑岛还可能参与广泛的情绪体验。

（2）情绪加工的功能性整合：通过情绪加工的脑区分工，我们可以看出不同脑区对情绪的产生作用不尽相同。但在情绪的产生过程中，需要各脑区协同作用，整合加工信息。眶额皮质、脑岛、次级躯体感觉皮质、前扣带回、脑干和下丘脑等脑区在不同的情绪状态下表现出不同程度的激活或失活模式。研究者推测，不同脑区活动的特异性改变提示它们在情绪加工中所起作用不同。

至少有七个脑区参与了对情绪信息的反应和评价，它们分别是杏仁核、眶额皮质、脑岛皮质、前扣带回、背外侧前额叶皮质、腹侧纹状体、中脑的多巴胺能神经元。其中，杏仁核接受内外部刺激的感知，并且调节积极或消极情绪，尤其是恐惧情绪。然后，杏仁核将信号传至眶额皮质，在这里评估刺激的正负效价，并协调多巴胺系统对社会信息和情感信息进行加工、评价和过滤。罗尔斯认为，眶额皮质参与了对刺激特性的强化和随后的行为评价。新信息的出现使得当前的行为变得不合适，因此我们需要不断调整刺激与强化之间的连接。眶额皮质将评价结果传至前扣带回，后者会在当前行为和期望与结果之间进行冲突监控，并把监控结果传至背外侧前额皮质，背外侧前额皮质会对刺激进行表征和计划，进而作出与目标相关的行为选择。另外，腹内侧前额皮质、海马、丘脑和脑岛也参与了情绪意识的调节。腹内侧前额皮质与外侧眶额皮质相互联系，构建了皮质与杏仁核的连接。海马通过背景关联的外显记忆调节情绪决策。丘脑和脑岛皮质连接着外部和内部感觉，参与情绪意识的形成。丘脑主要接受来自外部的各种感觉，并将信号传至杏仁核和大脑皮质。脑岛皮质与其他调节身体自主功能（心率、呼吸和消化等）的脑结构有神经联系，并将接收到的信息传至其他皮质，在情绪的体验中起关键作用。另外，脑岛还加工味觉信息，参与人们体验厌恶情绪的活动。

（3）唤醒、情绪与认知：沙赫特的情绪三因素理论认为决定情绪的主要因素是认知。生理唤醒与认知评价之间的密切联系和相互作用决定着情绪，情绪状态是以交感神经系统的普遍唤醒为其特征。这个理论起到认知的作用，可以转化为一个工作系统，称为情绪唤醒模型。情绪唤醒模型的核心部分是认知，通过认知比较器把当前的现实刺激与储存在记忆中的过去经验进行比较，当知觉分析与认知加工间出现不匹配时，认知比较器就产生信息，动员一系列的生化和神经机制，释放化学物质，改变脑的神经激活状态，使身体适应当前情境的要求，这时情绪就被唤醒了。

（4）情绪的表达和识别

1）情绪的表达：情绪和情感的外部表现，通常称之为表情。它是在情绪和情感状态发生时身体各部分的动作量化形式，包括面部表情、姿态表情和语调表情。①面部表情：由于人的各种情绪同面部肌肉和血管等的变化有关，所以不同面部肌肉和血管的变化能表示不同的情绪状态。我们可以随意控制我们的面部肌肉，但真实的面部表情是无法随意控制的。并不是所有的情绪都能产生可见的面部表情，但是面部肌电可以记录到情绪发生时脸部肌肉的收缩。②姿态表情：姿态表情可分成身体表情和手势表情两种。身体表情是表达情绪的方式之一。人在不同的情绪状态下，身体姿态会发生不同变化，如高兴时"捧腹大笑"，恐惧时"收缩双肩"，紧张时"坐立不安"等。手势也是表达情绪的一种形式。手势通常和言语一起使用，表达赞成还是反对、接纳还是拒绝、喜欢还是厌恶等态度和思想。手势也可以单独用来表达情感、思想或做出指示。在无法用言语沟通的条件下，单凭手势就可表达开始或停止、前进或后退、同意或反对等思想感情。③语调表情：语音的高低、强弱、抑扬顿挫等，也是表达说话者情绪的手段，朗朗笑声表达了愉快的情绪，而呻吟表达了痛苦的情绪。

2）情绪的识别：有效的交流是一个双向过程。一方面，表达情绪状态的人需要具备改变表情的能力；另一方面，只有对方具备识别能力时，他的表达才有作用。额叶和杏仁核是参与情绪识别的重要部位。

4. 情绪反应及其相关障碍

（1）情绪反应：情绪反应（emotional reactions）指喜、怒、悲、惧时所表现出的行为，是自主神经系统的一系列反应。常见的不良情绪反应如下：

1）焦虑：焦虑是应激最常见的情绪反应，是预期发生某种灾难性后果时的一种紧张情绪。适度的焦虑可以提高人的警觉水平，促使人投入行动，以适当的方法应对应激源，从而帮助人适应环境。但是，过度焦虑会产生不利影响，妨碍人准确认识、分析和考察自己所面临的挑战和环境条件，难以作出符合理性的判断和决定，产生不利影响。焦虑的原因主要是外界环境所给予的惊吓与自身的抗压能力不能形成一定平衡。小脑扁桃体和海马体是参与焦虑形成的神经部位。

2）抑郁：抑郁是指自身感觉处于低落状态，其心境抑郁、悲观厌世及忧心忡忡，不与人交往；对自我才智能力估计过低，对周围环境困难估计过高。具体可表现为情绪比较低落，对任何事都高兴不起来，思考问题困难，自我评价较低。

3）恐惧：恐惧是一种面临危险、企图摆脱已经明确的、有特定危险的对象和情景的情绪反应状态。多发生于安全和个人价值与信念受到威胁的情况下。恐惧时交感神经兴奋、肾上腺髓质分泌增加。在极度恐惧的情况下，人或者动物的突然死去可能是由于副交感神经系统的过度激活所致。

4）愤怒与攻击：愤怒是指不满或敌意所引起的强烈情绪反应，攻击是因为极度不满而出现的激动情绪，是个体愿望不能实现或为达到目标的行动受到挫折时引起的一种紧张而不愉快的情绪。愤怒时，自主神经系统会产生作用，进而引发生理反应，并且使人表现出特有的面部表情与身体姿势，往往会作出一些发泄的行为，而严重者更会失去理智。愤怒时，交感神经兴奋，肾上腺素分泌增加，出现心率和呼吸加快，血压上升，心输出量增加，肝糖原分解，多伴有攻击行为。

根据情绪与攻击之间的关联，攻击行为可分为两类：①防御愤怒型攻击行为；②掠杀型攻击行为。防御愤怒型攻击行为主要由愤怒情绪支配，与交感神经系统兴奋同步，表现为心率加快、呼吸急促和瞳孔放大等一系列生理反应。此类攻击行为通常受特定情境下的情绪支配，属于冲动性的行为。掠杀型攻击行为是蓄意谋划、有明确目标导向的行为，通常不受特定的情绪支配，也不伴有交感系统的唤醒。这两类攻击行为的生理基础并不相同。

内侧下丘脑（MH）和中脑导水管周围灰质区（PAG）是调控防御愤怒型攻击行为的关键脑区。MH和PAG内有特异性"怒反应"神经元，电刺激位于PAG的喙部或背外侧的"怒反应"神经元，可激活脑干及脊髓相应的神经元，并诱发自主神经兴奋和"怒反应"；而电刺激MH的"怒反应"神经元，神经冲动先传递至内前侧下丘脑，再激活PAG的"怒反应"神经元。另外，额叶也可以通过杏仁核等区域的下行抑制，调节攻击性行为。前额叶或眶额皮质受损的患者易激惹、冲动、失控或发动攻击行为，提示前额叶或眶额皮质参与攻击行为的调节。

（2）情绪障碍

1）焦虑障碍：焦虑障碍是一种以焦虑情绪为主的心理障碍，是指一种由于缺乏明确对象和具体内容的提心吊胆及紧张不安情绪。

2）抑郁障碍：抑郁障碍是一种常见的情绪障碍，属于心境障碍，是由各种原因引起的，以显著而持久的心境低落为主要临床特征，且心境低落与其处境不相称，严重者可出现自杀念头和行为。多数病例有反复发作的倾向，每次发作大多数可以缓解，部分可有残留症状或转为慢性。抑郁症至少有10%的患者可出现躁狂发作，诊断为双相障碍。抑郁症临床典型的表现包括三个维度活动的降低：情绪低落、思维迟缓、意志活动减退，有的患者会以躯体症状表现为主。

3）应激及创伤后应激障碍

①急性应激反应：也被称为适应障碍，是指个体遭遇一定精神创伤后短时间内产生的不适应，通常这种情况于数小时或几天内即可消失。应激者的典型表现从生理、情绪和认知方面表现出来。其中情绪异常最为突出。生理方面表现为肠胃不适、心动过速、食欲下降、头痛、失眠、做噩梦、感觉呼吸困难等。情绪方面表现出恐惧、焦虑、疑虑、愤怒、绝望、麻木、紧张、烦躁、过分敏感无法放松、持续担忧等。认知方面出现注意力不集中、健忘、不能把思想从危机事件上转移、不愿意与人交往等。

②急性应激障碍：是指因遭受重大的刺激或者严重的精神打击，产生一系列较强的生理心理反应，在受到刺激数小时内发病，表现为强烈的恐惧反应，如果处理不当容易转为创伤后应激障碍。尽管在面对应激事件时应激者的表现形式多种多样，但绝大多数幸存者都有强大的自我修复能力，能够通过自我调整，最终理解和接受所经历的危机事件，逐渐恢复正常的心理社会功能。

③创伤后应激障碍（PTSD）：是指个人经历异乎寻常的应激事件以后，导致个体对创伤情景的回避，对外界环境的刺激反应迟钝，又称为延迟性心因性反应。PTSD具体包括以

下几方面的症状:一是再体验,个体会出现闯入性的创伤情景再现,而且再现的内容非常清晰、具体。那些与创伤可能有联系的任何事物,都会引起个体对创伤情境的再体验,而且会给个体带来极大的痛苦,并有可能进一步恶化,产生一些 PTSD 相关的共病(如焦虑、恐惧、自责、失望、抱怨等)。二是回避反应,为了减轻再体验的痛苦,个体会主动回避那些带来创伤体验的事和物。这种回避反应一方面对个体是一种保护机制,另一方面会延缓个体PTSD 相关障碍的复原。三是高警觉,可持续表现警觉性与激惹性增高,易受惊,过分警惕,注意力不集中,就是许多小的细节事件都引起比较强烈的反应。许多人出现难以入睡、易惊醒等睡眠障碍。另外,还出现对周围环境普通刺激反应迟钝、情感麻木、社会性退缩;对以往爱好失去兴趣,疏远周围人物,尽量避免接触与创伤情境有关的人和事;对前途感到渺茫、失望,抑郁心境占优势。

(三)本章小结

本章介绍了情绪的分化与分类、情绪的理论、情绪的脑机制以及情绪反应及其相关障碍的有关知识,需重点掌握以下内容:

1. 情绪的分化与分类。
2. 情绪的几种理论。
3. 情绪与脑机制,杏仁核、海马和前部扣带回等与情绪的关系。

二、复习题

(一)单选题

1. 心理学家坎农,关于情绪生理心理学方面提出了
   A. 情绪的激活学说　　　　　　　　B. 情绪的动力定型学说
   C. 情绪的丘脑学说　　　　　　　　D. 情绪边缘系统学说

2. 以下是生理心理学研究情绪体验的中枢机制的经典实验的是
   A. 假怒　　　　　　　　　　　　　B. 隔区毁损实验
   C. 条件反射　　　　　　　　　　　D. 躲避条件反应

3. 刺激下丘脑可引起
   A. 情绪性攻击行为　　　　　　　　B. 主动逃避反应
   C. 捕食行为　　　　　　　　　　　D. 饥饿感

4. 麦克林关于情绪生理心理学方面提出的学说理论是
   A. 情绪的激活　　　　　　　　　　B. 情绪的丘脑
   C. 情绪的边缘系统　　　　　　　　D. 情绪

5. 关于情绪的神经机制,情绪过程的重要中枢是
   A. 丘脑　　　　　　　　　　　　　B. 下丘脑
   C. 脑干　　　　　　　　　　　　　D. 四叠体

6. 以下是攻击和防御行为的重要中枢,它的不同区影响着不同类型的攻击和防御行为的是
   A. 丘脑　　　　　　　　　　　　　B. 下丘脑
   C. 中脑　　　　　　　　　　　　　D. 大脑皮质

7. 在帕佩茨环路中,中心环节的结构是
   A. 乳头体　　　　　　　　　　　　B. 丘脑前核

C. 扣带回 D. 海马

8. 不良的情绪反应**不包括**

A. 焦虑 B. 抑郁

C. 恐惧 D. 兴奋

（二）名词解释

1. 情绪

2. 帕佩茨环路

3. 恐惧

4. 焦虑障碍

5. 创伤后应激障碍

6. 情绪反应

（三）问答题

1. 简述情绪和情绪状态的分类。

2. 简述情绪研究的理论。

3. 与情绪活动有关的脑结构有哪些?

4. 简述情绪产生的相关脑区之间的相互联系。

5. 常见的不良情绪反应有哪些?

6. 情绪是如何唤醒的?

7. 简述假怒实验。

8. 创伤后应激障碍的主要表现有哪些?

三、参考答案

（一）单选题

1. C 2. A 3. A 4. C 5. B 6. B 7. D 8. D

（二）名词解释

1. 情绪:情绪是人脑的高级功能,是人脑对客观环境是否符合自身的需要而产生的态度体验。

2. 帕佩茨环路:主要由下丘脑、丘脑前核、扣带回、海马以及这些结构之间的联系组成。海马将信息首先传给扣带回,然后通过穹窿传到下丘脑乳头体。反过来,下丘脑也可以通过乳头体、前丘脑将信息传到扣带回,如此形成了传递情绪信息的神经环路,帕佩茨构想的这个神经环路被称为"Papez"环。

3. 恐惧:恐惧是一种面临危险、企图摆脱已经明确的、有特定危险的对象和情景的情绪反应状态。

4. 焦虑障碍:是一种以焦虑情绪为主的心理障碍,是指一种由于缺乏明确对象和具体内容的提心吊胆及紧张不安情绪。

5. 创伤后应激障碍:是指个人经历异乎寻常的应激事件以后,导致个体对创伤情景的回避,对外界环境的刺激反应迟钝,又称为延迟性心因性反应。

6. 情绪反应:指喜、怒、悲、惧时所表现出的行为,是自主神经系统的一系列反应。

（三）问答题

1. 简述情绪和情绪状态的分类。

答：（1）情绪的分类：一般认为有四种基本情绪，即喜、怒、哀和惧。①喜——快乐：快乐是一种感受良好时的情绪反应，一般来说是一个人盼望和追求的目的达到后产生的情绪体验；②怒——愤怒：愤怒是指在实现目标时受到阻碍，而使愿望无法实现时产生的情绪体验；③哀——悲哀：悲哀也称悲伤，是指心爱的事物失去时，或理想和愿望破灭时产生的情绪体验；④惧——恐惧：恐惧是企图摆脱和逃避某种危险情景而又无力应付时产生的情绪体验。在以上这四种基本情绪的基础之上，可以派生出众多的复杂情绪，如厌恶、羞耻、悔恨、嫉妒、喜欢、同情等。

（2）情绪状态的分类：根据情绪状态的强度和持续时间可分为心境、激情和应激。①心境：心境是一种比较微弱、持久、具有渲染性的情绪状态。具有弥漫性，它不是关于某一事物的特定的体验，而是以同样的态度体验对待一切事物。喜、怒、哀、惧等各种情绪都可能以心境的形式表现出来。一种心境的持续时间依赖于引起心境的客观刺激的性质，如失去亲人往往使人产生较长时间的郁闷心境；再如"感时花溅泪，恨别鸟惊心"。②激情：激情是一种持续时间短、表现剧烈、失去自我控制力的情绪，激情是短暂的爆发式的情绪体验。人们在生活中的狂喜、狂怒、深重的悲痛和异常的恐惧等都是激情的表现。和心境相比，激情在强度上更大，但维持的时间一般较短暂。激情通过激烈的言语爆发出来，是一种心理能量的宣泄，从一个较长的时段来看，对人的心身健康的平衡有益，但过激的情绪也会使当时的失衡产生可能的危险。③应激：应激是指个体对某种意外的环境刺激所做出的适应性反应，是个体觉察到环境的威胁或挑战而产生的适应或应对反应。比如，人们遇到突然发生的火灾、水灾、地震等自然灾害时，刹那间人的身心都会处于高度紧张状态之中。此时的情绪体验，就是应激状态。应激既有积极作用，也有消极作用，紧张而又长期的应激甚至会导致休克和死亡。

2. 简述情绪研究的理论。

答：（1）詹姆斯 - 兰格理论：该理论认为情绪就是对有机体内部和外部生理变化的意识，情绪是内脏活动的结果，是对身体变化的知觉，强调情绪的产生是自主神经活动的产物，后人称它为情绪的外周理论，即情绪刺激引起身体的生理反应，而生理反应进一步导致情绪体验的产生。

（2）坎农 - 巴德的丘脑情绪理论：该理论认为情绪的中心不在外周神经系统，而是中枢神经系统的丘脑。情绪体验和生理变化是同时发生的，它们都受到丘脑的控制。坎农又根据以下事实提出了情绪丘脑说：①切去脑皮质（丘脑保留）的动物表现过分的愤怒反应，丘脑切除，其反应则消失；②丘脑单侧的伤害，会增加来自身体该侧面的情绪成分；③对于人类，影响丘脑一边的肿瘤会影响单侧的情绪表现；④轻度的麻醉引起脑皮质对下级中枢控制的短暂伤害或疾病引起的永久伤害，时常会不由自主地发出哭与笑的表情。他认为，当丘脑神经被刺激起来时，专门性质的情绪才附加到简单的感觉上。

（3）沙赫特 - 辛格的认知情绪理论：该理论提出，对于特定的情绪来说，有两个因素是必不可少的。①个体必须体验到高度的生理唤醒，如心率加快、手出汗、胃收缩、呼吸急促等；②个体必须对生理状态的变化进行认知性的唤醒。通过实验证明，人对生理反应的认知和了解决定了最后的情绪经验。这个结论并不否定生理变化和环境因素对情绪产生的作用。

3. 与情绪活动有关的脑结构有哪些？

答：情绪加工的脑区分工

（1）下丘脑：坎农－巴德的情绪理论表明下丘脑对情绪的产生有重要的作用，同时，脑损伤实验及神经电生理研究也表明下丘脑是情绪反应的重要表达中枢。

（2）帕佩茨环路：主要由下丘脑、丘脑前核、扣带回、海马以及这些结构之间的联系组成。

（3）边缘系统：边缘系统是由边缘叶和相关的皮质下结构构成的，主要包括隔区、扣带回、海马旁回、海马和齿状回、杏仁核等。①杏仁核：又称杏仁核复合体，是位于内侧颞叶的海马前部一组形似杏仁的结构，包括皮质内侧核群、基底外侧核群和中央核群。它是边缘系统的皮质下中枢，有调节内脏活动和产生情绪的功能。②海马：海马是大脑中糖皮质激素类受体密度很高的部位，在情绪调节中很重要。杏仁核－海马的交互系统被公认是情绪和记忆交互作用的基本神经机制。③扣带回：前扣带皮质也被认为是边缘系统的一部分，传统上认为这一区域在抑郁和情绪障碍的神经生物学中具有重要作用。前扣带皮质参与诸如内隐学习、决策和注意等多个认知过程。前扣带皮质通过与杏仁核和其他脑区的联结，参与社会认知中对他人情绪的理解。④隔区：隔区是两侧脑室前部的中隔结构，主要接受来自下丘脑、海马、杏仁核、视前区和中脑网状结构的传入纤维。

（4）大脑皮质：①前额皮质（PFC）：左PFC与趋近系统和积极感情有关，右PFC与消极感情和退缩有关。②眶额皮质：接受来自丘脑背内侧核、杏仁核、扣带回以及嗅、味、躯体感觉及视觉信息的输入，输出到基底神经节、下丘脑及脑干、杏仁核及前扣带回皮质。整合来自不同方面的感觉信息，通过反馈联系调制感觉及其他认知加工，是情绪信息的高级整合中心，并且眶额皮质参与了对刺激物的情绪性和动机性学习，一些研究显示，眶额皮质参与了基于奖赏评估进行决策制订的情绪加工过程。③脑岛：脑岛皮质是内脏、味觉、躯体感觉、视觉和听觉神经的汇聚之处，并与杏仁核、下丘脑、扣带回、眶额皮质有交互连接。脑岛主要参与厌恶、悲伤、害怕、愤怒等厌恶情绪的加工过程。

4. 简述情绪产生的相关脑区之间的相互联系。

答：至少有七个脑区参与了对情绪信息的反应和评价，它们分别是杏仁核、眶额皮质、脑岛皮质、前扣带回、背外侧前额叶皮质、腹侧纹状体、中脑的多巴胺能神经元。其中，杏仁核接受内外部刺激的感知，并且调节积极或消极情绪，尤其是恐惧情绪。然后，杏仁核将信号传至眶额皮质，在这里评估刺激的正负效价，并协调多巴胺系统对社会信息和情感信息进行加工、评价和过滤。罗尔斯认为，眶额皮质参与了对刺激特性的强化和随后的行为评价。新信息的出现使得当前的行为变得不合适，因此我们需要不断调整刺激与强化之间的连接。眶额皮质将评价结果传至前扣带回，后者会在当前行为和期望与结果之间进行冲突监控，并把监控结果传至背外侧前额皮质，背外侧前额皮质会对刺激进行表征和计划，进而作出与目标相关的行为选择。另外，腹内侧前额皮质、海马、丘脑和脑岛也参与了情绪意识的调节。腹内侧前额皮质与外侧眶额皮质相互联系，构建了皮质与杏仁核的连接。海马通过背景关联的外显记忆调节情绪决策。丘脑和脑岛皮质连接着外部和内部感觉，参与情绪意识的形成。丘脑主要接受来自外部的各种感觉，并将信号传至杏仁核和大脑皮质。脑岛皮质与其他调节身体自主功能（心率、呼吸和消化等）的脑结构有神经联系，并将接收到的信息传至其他皮质，在情绪的体验中起关键作用。另外，脑岛还加工味觉信息，参与了人们体验厌恶情绪的活动。

5. 常见的不良情绪反应有哪些？

答：①焦虑：焦虑是应激最常见的情绪反应，是预期发生某种灾难性后果时的一种紧张情绪。②抑郁：抑郁是指自身感觉处于低落状态，其心境抑郁、悲观厌世及忧心忡忡，不与人交往；对自我才智能力估计过低，对周围环境困难估计过高。具体可表现为情绪比较低落，对任何事都高兴不起来，思考问题困难，自我评价较低。③恐惧：恐惧是一种面临危险、企图摆脱已经明确的、有特定危险的对象和情景的情绪反应状态。④愤怒与攻击：愤怒是指不满或敌意所引起的强烈情绪反应，攻击是因为极度不满而出现的激动情绪。根据情绪与攻击之间的关联，攻击行为可分为两类：一类是防御愤怒型攻击行为；另一类是掠杀型攻击行为。

6. 情绪是如何唤醒的？

答：情绪唤醒模型的核心部分是认知，通过认知比较器把当前的现实刺激与储存在记忆中的过去经验进行比较，当知觉分析与认知加工间出现不匹配时，认知比较器就产生信息，动员一系列的生化和神经机制，释放化学物质，改变脑的神经激活状态，使身体适应当前情境的要求，这时情绪就被唤醒了。

7. 简述假怒实验。

答：研究者发现猫或者狗在切除了下丘脑后部之前的大脑皮质后会出现与正常动物相似的攻击行为，而且这种行为在受到轻微的刺激时就会被激怒。但是这些攻击行为并没有直接攻击的特定目标，因此研究者用"假怒"来描述这种行为的特征。当切除的组织包括下丘脑后部时假怒的行为即可终止，进一步研究表明，引起假怒的关键部位是下丘脑后部。

8. 创伤后应激障碍的主要表现有哪些？

答：创伤后应激障碍（PTSD）具体包括以下几方面的症状：①再体验：个体会出现闯入性的创伤情景再现，而且再现的内容非常清晰、具体。那些与创伤可能有联系的任何事物，都会引起个体对创伤情境的再体验，而且会给个体带来极大的痛苦，并有可能进一步恶化，产生一些 PTSD 相关的共病（如焦虑、恐惧、自责、失望、抱怨等）。②回避反应：为了减轻再体验的痛苦，个体会主动回避那些带来创伤体验的事和物。这种回避反应一方面对个体是一种保护机制，另一方面会延缓个体 PTSD 相关障碍的复原。③高警觉：可持续表现警觉性与激惹性增高，易受惊，过分警惕，注意力不集中，就是许多小的细节事件都引起比较强烈的反应。许多人出现难以入睡、易惊醒等睡眠障碍。另外，还出现对周围环境普通刺激反应迟钝、情感麻木、社会性退缩；对以往爱好失去兴趣，疏远周围人物，尽量避免接触与创伤情境有关的人和事；对前途感到渺茫、失望，抑郁心境占优势。

（朱　舟）

第十一章 人格的生理心理

一、教材精要

(一)内容简介

本章中介绍了人格的概念和特征、人格的构成、人格发展的影响因素以及人格障碍,也对人格特质(包括病态特质)形成过程中的生理机制进行了初步阐述。

(二)教材知识点

1. 人格的概念 人格是指具有不同素质基础的人,在不尽相同的社会环境中所形成的意识倾向性和比较稳定的个性心理特征的总和。

2. 人格的特征

(1)倾向性:每个个体的人格都具有一定的倾向性。在人格的发展过程中,个体对外界事物表现出特有的动机、愿望、定势和亲和力,形成各自的态度体系和内心环境,从而发展出自己独特的思维、行动以及表达情感的模式,即人格倾向。

(2)独特性:每个个体的遗传素质、家庭背景、身处的社会环境以及生活经历都不尽相同,个体所具有的人格特质的类型和程度也多为不同,从而造就了各自独特的人格特征。即便是生物学特征极为相近的同卵双生子也是各自具有不同的人格特性。

(3)稳定性:人格是个体在长期适应或改造客观世界的过程中逐渐发展而形成的,每个个体的人格一旦形成,就具有相对的稳定性,这一特性也是能够将不同个体从思维、情感和行为模式上区别开来的关键所在。

(4)整体性:人格是由多个方面和多种特质组合而成的,这些成分在不同维度上相互协调。意识倾向性、个性心理特征以及心理过程总是有机地结合在一起,整合形成个体人格及固有的行为模式。

(5)复杂性:人格是由多种心理现象构成的,人格既包括在环境要求下表现出的外在特质,也包括个体自己出于某种原因不愿意展示于人前或是个体自身也不知晓的内在特征。这些人格的成分又会处于动态的发展变化之中,因此会使人感到极其复杂。

(6)积极性:人格具有积极性,能够统率全部心理活动去改造客观世界和内心环境。人格可以决定决断性、坚强性、合群性等意志特征,也会影响认知能力的特征。

3. 人格的构成及相关理论

(1)需要:需要是个体对内外环境具有某种需求的主观状态,是个体行为积极性的来源。

1)需要的分类:人的需要是多种多样的,按照需要的起源,可以分为自然需要和社会需要。需要按照指向的对象还可以分为物质需要和精神需要。

2）马斯洛需要层次理论：美国人本主义学派学者马斯洛提出的需要层次理论认为个体的需要可以分为五个层次，以金字塔的形状分层进行排列，由低级到高级（由下而上）分别是生理的需要、安全的需要、归属与爱的需要、尊重的需要以及自我实现的需要。

（2）动机：动机是指推动人的活动并使活动朝向某一目标的内部动力。对需要的认知便会形成动机，推动人们发生行为来满足需要。根据动机的性质，可以分为生理性动机和社会性动机；根据动机的来源，可以分为外在动机和内在动机；按照学习在动机形成和发展中所起的作用，又可以分为与生俱来的原始动机和后天获得的习得动机。个体可以同时存在不止一种的动机，这些动机的强度也各不相同，能够决定个体行为并实际发挥作用的动机称为主导动机或优势动机。

（3）能力：能力是制约人们完成某项活动的质量和数量水平的个性心理特征。我们通常所说的能力既包括个体在某项活动上现有的成就水平（ability），也包括个体具有的潜力和可能性（aptitude）。能力可以表现在个体所从事的活动中，并且会在活动中得到发展。能力可以分为一般能力和特殊能力。一般能力就是我们通常所说的智力，包括观察力、记忆力、思维力和想象力等；特殊能力则是指在特殊领域发挥作用的能力，如节奏感、绘画能力和运动能力等。一般能力和特殊能力都能相互促进彼此的发展，在很多活动中也都需要各种能力的结合。

（4）气质：气质是指个体在情绪和行动发生的速度、强度、持久性和灵活性等方面的动力性的心理特征。每个个体生来都具有一定的气质，气质类型的特征越是在幼年的时候表现就越明显。关于气质的类型学说来源于古希腊医生希波克拉底的体液学说。希波克拉底认为人体内黄胆汁、黑胆汁、黏液和血液4种体液的比例不同，从而形成了4种不同类型的人。古罗马医生盖伦在体液学说的基础之上，进一步确定了人的4种气质类型，即胆汁质、抑郁质、黏液质和多血质。不同气质类型的个体会表现出风格迥异的行为反应。例如，胆汁质的个体精力旺盛、争强好斗、热情正直、容易冒失、感情用事，而黏液质的个体则沉稳自制、踏实细致；抑郁质的个体多愁善感、优柔寡断、不善交际，而多血质的个体则活泼大方、善于交往、适应力强。气质类型本身并没有好坏之分，而且具有单一气质类型的个体也不多见，大多数个体都是两种或三种气质类型兼而有之。

（5）性格：性格是指个体在社会实践活动中所形成的对现实的稳定态度以及与之相适应的行为倾向性。

1）A型人格和B型人格：福利曼和罗斯曼定义的A型-B型行为类型理论经常被用于研究人格与工作压力的关系。A型行为的主要特点包括性情急躁、缺乏耐心、上进心强、富有竞争意识、工作认真投入、有很高的时间紧迫感等，可以将其特点概括为"时间紧迫感，竞争与敌意"。A型人格属于不安定型人格，此类型个体外向、敏捷、说话快，但行事匆忙，社会适应性较差，因为生活经常处于紧张状态，具有此类型人格特征的个体容易罹患冠状动脉粥样硬化性心脏病（简称冠心病）。在福利曼和罗斯曼一项长达8年的跟踪随访研究中发现，A型人格个体发生冠心病的人数为B型人格人数的2倍多。B型人格的个体大多性情温和、举止稳妥，喜欢慢节奏的生活，对于工作和生活的满足感也往往较强。

2）内向型-外向型人格理论：著名的人格心理学家荣格最先提出了内-外向人格类型的理论。荣格认为，内向人格的个体通常比较害羞、内敛，甚至可能出现适应困难，做事谨慎，其兴趣和关注点往往指向主体内部，善于自我剖析；而外向人格的个体则勇敢果断、情感外露、热情奔放、独立自主，其兴趣和关注点指向外部客体，注重外部世界，善于交往。荣格还认为,每一个个体都兼具内向和外向两种特征,究竟属于哪一类型要根据哪一类人格特点占优势来进行判断。

3)奥尔波特的特质理论:人格特质理论认为,特质(trait)是决定个体行为的基本特性,是人格的有效组成元素,通常也被作为基本单位来测评人格。

奥尔波特于1937年首次提出了人格特质理论。他认为,生活在某一特定的社会文化背景下中的大部分个体会具有某些相同的特质,即共同特质(common traits)。通过将不同文化环境中的共同特质进行比较,可以对于人格的文化差异进行研究。奥尔波特提出的另一类特质是个人特质(individual traits),是指个体身上所独有的特质,其中又包括首要特质(cardinal traits)、核心特质(central traits)和次要特质(secondary traits)。首要特质是个体最典型的和最具有概括性的特质,会影响到个体行为的各个方面,但只有为数不多的个体可以用某一种首要特质来进行描述,具有首要特质的个体其行为受到这一特质的支配;中心特质则是指最能说明个体独特人格的5~10个重要特质,中心特质是每个个体都具有的;而次要特质则是相对来说不太重要或比较表浅的特质。

4)卡特尔的人格特质理论:卡特尔最初研究的是一些能够从外部行为直接观察到的特质,他称其为表面特质(surface traits)。后来他发现,一些表面特质之间存在相互联系,它们是以相同原因为基础的行为特质。卡特尔将那些更基础、更深层的品质称为根源特质(source traits),并使用因素分析这一统计学方法定义了16种相互独立的根源特质,从而编制了"16种人格因素问卷"(Sixteen Personality Factor Questionnaire, 16PF)。此问卷可以用于对人格进行量化分析,从而研究人格的差异。卡特尔认为每个人身上都具有这16种特质,只是存在表现程度的区别。

5)"大五"因素模型:在卡特尔的早期工作之后,大量不同的研究都显示,有五个人格维度在大量不同方法的研究中不断被发现,从而形成了著名的"大五"因素模型(the Big-Five model)。这五个人格特质因素是:开放性、尽责性、亲和性、外向性和神经质。这五个维度的英文首字母组合在一起就是"OCEAN"一词,代表了人格的海洋。通过这一模型的测评,可以在一定程度上对个体的行为表现进行预测。

6)艾森克的三因素模型:艾森克同样是使用了因素分析的方法,对正常个体和精神疾病患者进行研究,从而形成自己的理论,确定了人格中的两大因素,外向性(extraversion)和神经质(neuroticism),随后又增加了精神质(psychoticism)这一维度,从而构成了PEN模型,即三因素模型(three-factor model)。艾森克还根据这一模型编制了艾森克人格问卷(Eysenck Personality Questionnaire, EPQ)。艾森克提出,在外向性维度上得分高的个体通常善于交际,较为合群;而得分低的个体则通常安静、内省、可信赖度高。神经质维度代表情绪稳定性,此维度得分高的个体情绪稳定性低,因此长期焦虑,喜怒无常,缺乏安全感;而情绪稳定性高的个体性情平和,在经历负性事件之后能较快地恢复到平常状态。精神质与自我控制关联,该维度得分高的个体易于冲动、充满敌意、孤僻、不合作,往往难于管教;而该维度得分低的个体行为通常比较符合社会规范,也较为亲和与利他。

4. 人格的形成与发展

(1)遗传因素:现有的众多研究均已提示,在智力、气质等与生物学因素相关较大的特质方面,遗传因素的影响比较明显。例如,艾森克的研究就曾指出:同卵双生子在外向性和神经质两个特质方面的相关性显著高于异卵双生子,充分显示了遗传因素在人格特质形成中的重要作用。大量的关于能力的研究也表明,血缘关系接近的个体在智力发展水平上也存在接近的趋势。例如,同卵双生子智力的相关性高于异卵双生子和普通的兄弟姐妹,即使是在不同的环境下成长的同卵双生子,其智力的相关性也非常高;亲生父母和子女的智力相关性要高于养父母和养子女。

当然,研究中也发现,即便是没有血缘关系的人,如果长期生活在同一环境中,其智力也存在一定的相关性,这说明环境因素也在发生作用。

（2）环境因素

1）社会文化因素:人格具有独特性,但是在同一特定社会文化背景中的个体其人格结构会具有相似的发展趋势,尤其是在对于顺应要求严格的社会背景下,这种影响会更加明显。因为如果个体的人格特质过于偏离社会文化的要求,其社会适应便会很困难,甚至可能会被认为存在行为障碍或心理疾病。不同文化背景的民族往往具有其民族性格就很好地证实了社会文化因素对于人格特征的塑造功能。

2）家庭环境因素:父母的教养方式以及家庭成员之间的关系模式等都会影响个体社会关系的最初的、也是最基本的发展,同样也会影响人格特质的形成。个体的很多人格特质的形成其实都可以在其原生家庭的互动模式中追根溯源。例如,Diana Baumrind 的研究就总结出了三种不同的家庭教养风格(威信型、专制型和放任型)以及不同教养风格下成长起来的儿童可能具有的不同特征。

3）早期经验:虽然早期经验不能单独对人格发生决定性作用,童年幸福与否和人格发展是否健全也并不存在一一对应的关系,但是早期经验尤其是亲子互动确实可以影响行为模式的发展,这一点在很多研究中都被证实了。鲍尔毕在《母性照看与心理健康》的报告中提出,幼年时期与母亲建立的和谐稳定的亲子关系是儿童心理健康发展的关键所在。精神分析学派创始人弗洛伊德也曾经提出,个体人格的核心在 6 岁之前就会通过一系列的心理性欲发展阶段(psychosexual stages)而基本形成。

5. 人格的生物学基础

（1）气质的生物学基础

1）人的气质类型分为胆汁质、抑郁质、黏液质和多血质 4 种类型。

2）高级神经系统类型学说的创始人是俄国生理学家巴甫洛夫。他认为,按照大脑皮质神经过程的兴奋或抑制的强度、两者的均衡性和相互转化的灵活性三个基本特征可以将动物的高级神经活动分为兴奋型、活泼型、安静型和抑制型。巴甫洛夫认为对人类而言,高级神经活动类型就是气质。因此,动物高级神经活动类型的划分原则同样适用于人类的气质类型的划分。也就是说,基本神经过程的三个特性也是人类个体气质差异的主要生理基础,四种高级神经活动类型与四种气质类型可以一一对应。

（2）性格的生物学基础

1）艾森克人格特质与脑结构:大脑皮质和杏仁核是与外向性和神经质的人格差异有关的主要脑结构。

2）艾森克人格特质与皮质兴奋性:内向者大多内敛拘束,喜欢做安静的事情,而外向者则大方开朗,热衷于参加新鲜有趣的活动。艾森克在研究人格的外向性维度时提出构想,认为这种差异主要是因为外向者和内向者在神经系统的唤醒水平和唤醒性方面存在差异。神经系统唤醒水平(arousal level),即皮质兴奋性水平,与脑干上行网状激活系统(ascending reticular activation system, ARAS)的功能及兴奋状态有关。ARAS 是一条能够将信号从边缘系统和下丘脑传导到皮质的通路,其活动状态可以决定个体是机敏还是迟钝。艾森克认为内向者比外向者有着更高的皮质唤醒水平。外向者由于皮质兴奋性水平较低，即预设的基线条件位于其唤醒阈限之下，在基线水平上，外向者几乎感觉不到刺激信息，因此，他们会倾向于寻求外部的刺激来提升自身原本较低的唤醒水平，就会表现出外向型人格特质；相反，皮质兴奋性水平较高的内向者个体会减少与外界的接触，行为也较为拘束，表现出沉静稳重甚至有些孤僻等内向性特征，可以避免过多刺激导致皮质兴奋性水平进一步提高。同样水平的刺激分别作用于内向者和外向者时，内向者体验到的强度要高于外向者。研究发现内向者和外向者在应对中等强度刺激的反应方式上确实存在着显著的差异，这一结果证实了两者的差异来自于大脑皮质唤醒性或感觉反应性的不同。

3）艾森克人格特质与神经递质：有学者认为内向者之所以喜欢安静和独处，是由于其对大脑中多巴胺含量的变化比外向者更加敏感。也有实验证实，外向者的多巴胺活跃水平通常要高于内向者。这可能因为外向者的大脑中有着更多更广泛的多巴胺通路，或是由于他们对于多巴胺的反应性更强。多巴胺系统与杏仁核存在联系，杏仁核在外向者的大脑中表现出更强的情绪反应性也证实了上述观点。

（3）能力的生物学基础：型态论认为个体在 20 岁之前的智力发展和年龄的增长存在关联，其实也就是和神经系统的发育成熟存在关联。能力的发展很大程度上依赖于神经系统尤其是中枢神经系统的结构和功能是否完好。中枢神经系统的发育也会受到机体其他生理系统的调节，如内分泌系统等。例如，在妊娠期间，甲状腺激素（TH）可以调控中枢神经系统的发育，中枢神经系统的发育对于甲状腺激素的依赖可以持续到婴儿出生后 3 年。碘是合成甲状腺激素的必需元素，在妊娠早、中期，胎儿的甲状腺激素主要来自母体的游离甲状腺素（FT_4），妊娠晚期胎儿甲状腺激素的合成也要依赖母体提供的碘。很多研究都证实了缺碘可以导致脑神经发育受损，根据缺碘程度不同可以造成不同程度的脑发育障碍。

型态论中也提到，与先天素质关系密切的流体智力在个体 30 岁之后会随着年龄的增长而开始降低，来自于后天经验习得的晶体智力却是可以终生持续发展的。因此，如果推测在个体的一生中，后天经验对于智力发展的影响会不断累积提升，甚至逐渐覆盖早期遗传倾向性的影响，也不无道理。但是研究结果却提示，从婴儿期的 20% 到青春期的 40% 再到成年期的 60%，智力的遗传力（heritability）呈现出线性增长的趋势，智力的遗传力在成年晚期甚至可以达到 80%（但是到 80 岁左右又会降至 60%）。大量的基因研究都得到了与前述一致的结果。例如在一项针对 11 000 对双生子的横断研究中，meta 分析显示，智力的遗传力从 9 岁时的 40% 到 12 岁时的 50% 再到 17 岁时的 60%，增长显著。与此同时，在另一些关于双生子的研究中使用全基因组复杂性状分析（genome-wide complex trait analysis，GCTA）得到的结果提示，不同年龄阶段之间的遗传相关性很高，也就是说在个体生命历程的不同阶段，主要影响智力发展的基因是相同的，那为什么这种影响会被逐渐放大呢？基因型 - 环境相关（genotype-environment correlation）不失为一种解释，即个体并非只是被动地在某一环境中成长，他们可以在一定程度上选择、改造或是创造环境，而这些都是与其遗传倾向性存在关联，原本小的遗传差别也因此而放大了。这一解释也再一次证实了个体的人格始终是在遗传素质、环境因素以及个体行为的交互作用下发展的。

6. 人格障碍

（1）人格障碍的定义：人格障碍是指 18 岁以上成年个体的人格特征明显偏离正常，使患者形成了一贯的反映个人风格和人际关系的异常行为模式。这种模式显著偏离特定的文化背景和一般的认知方式（尤其表现在待人接物方面），患者的社会功能和职业功能受到明显影响,表现出对于社会环境的适应不良,患者本人也会感到痛苦。这些人格特征及其潜在的适应不良通常开始于童年期或青少年期,并会长期发展持续至成年甚至终生。

(2)人格障碍的成因

1)生物学因素:无论是健康的人格特质还是病态的人格特质都具有一定的遗传性,人格障碍的总体遗传度和正常人格特质的遗传度大致相近,为30%~50%。在关于反社会型人格障碍的一些研究中发现,患者在自主神经系统的自主性唤醒维度上居于低水平,并且具有不稳定的特点。临床资料也提示患者缺乏焦虑和自罪感。当处于某些能够引起正常个体情绪反应的紧张情境中,患者也不会出现反应。有学者认为,正是因为缺少焦虑或无焦虑,患者才会不断出现反社会行为。神经生物学方面的研究也发现,反社会型人格障碍患者制止惩戒行为能力降低,出现冲动攻击等暴力行为和自杀行为可能和患者体内5-HT能功能减退有关。同时也有研究显示,5-HT能促效剂可以减少攻击和自杀行为的发生。还有的研究发现,反社会型人格障碍患者大脑皮质抑制功能减退,脑电图出现较多慢波,镇静阈降低,患者同时存在去甲肾上腺素能功能亢进,当去甲肾上腺素能活动增强与5-HT能活动减低伴发时,攻击尤其容易发生。

2)心理社会因素:人格特质在形成的过程中,也会很大程度地受到后天环境因素的影响。对于人格障碍而言,其受到后天因素的作用越大,心理治疗就越有发挥作用的空间。在心理社会因素方面,个体早年的依恋(attachment)形成、成长的家庭环境以及社会认知等都可能影响人格的发展。例如,有学者认为个体幼年时期形成的不安全依恋(insecure attachment)和边缘型人格障碍的形成可能存在关联。人格障碍患者的某些不合理信念往往起源于童年时期,如果继续生活在不良的社会环境中,这些认知模式得到强化,就会进一步形成人格障碍的症状。因此,认知重建也是某些人格障碍治疗的重点之一。

(3)人格障碍的分类:DSM-V在大量文献的基础之上对诊断系统进行了包括维度论在内的整合,将人格障碍分为6个具体类型:反社会型(antisocial)、回避型(avoidant)、边缘型(borderline)、自恋型(narcissistic)、强迫型(compulsivity)和分裂型(schizotypal)。

(三)本章小结

人格是指具有不同素质基础的人,在不尽相同的社会环境中所形成的意识倾向性和比较稳定的个性心理特征的总和。人格具有倾向性、独特性、稳定性、整体性、复杂性和积极性的特征。

人格的构成内容包括意识倾向性和个性心理特征:意识倾向性包括需要和动机;个性心理特征包括能力、气质和性格。人格的形成与发展受到遗传因素以及社会文化因素、家庭环境因素、早期经验等环境因素的共同作用。

目前的研究结果揭示了人格的形成是具有生物学基础的,主要表现在气质、性格和能力方面。

人格障碍是指18岁以上成年个体的人格特征明显偏离正常,使患者形成了一贯的反映个人风格和人际关系的异常行为模式。这种模式显著偏离特定的文化背景和一般的认知方式(尤其表现在待人接物方面),患者的社会功能和职业功能受到明显影响,表现出对于社会环境的适应不良,患者本人也会感到痛苦。这些人格特征及其潜在的适应不良通常开始于童年期或青少年期,并会长期发展持续至成年甚至终生。DSM-V在大量文献的基础之上对诊断系统进行了包括维度论在内的整合,将人格障碍分为6个具体类型:反社会型、回避型、边缘型、自恋型、强迫型和分裂型。

二、复习题

（一）单选题

1. "persona" 的原意是指
   A. 人类　　　　　　　　　　　　B. 面具
   C. 王冠　　　　　　　　　　　　D. 灵魂

2. 人格的特征**不包括**
   A. 稳定性　　　　　　　　　　　B. 灵活性
   C. 复杂性　　　　　　　　　　　D. 独特性

3. 下列哪项是个体对内外环境具有某种需求的主观状态，是个体行为积极性的来源
   A. 动机　　　　　　　　　　　　B. 性格
   C. 气质　　　　　　　　　　　　D. 需要

4. 马斯洛提出的需要层次理论认为个休的需要可以分为五个层次，以金字塔的形状分层进行排列，位于金字塔顶端的是
   A. 生理的需要　　　　　　　　　B. 安全的需要
   C. 自我实现的需要　　　　　　　D. 归属与爱的需要

5. 下列哪项是以习得的经验为基础的认知能力，如获得语言、数学等知识的能力
   A. 一般能力　　　　　　　　　　B. 特殊能力
   C. 晶体智力　　　　　　　　　　D. 流体智力

6. 下列哪项的个体活泼大方、善于交往、适应力强
   A. 胆汁质　　　　　　　　　　　B. 黏液质
   C. 抑郁质　　　　　　　　　　　D. 多血质

7. 下列**不属于** "大五" 因素模型中人格维度的是
   A. 精神质　　　　　　　　　　　B. 开放性
   C. 亲和性　　　　　　　　　　　D. 神经质

8. 下列哪种人格障碍得名于希腊神话人物 Narcissus
   A. 自恋型　　　　　　　　　　　B. 反社会型
   C. 回避型　　　　　　　　　　　D. 边缘型

（二）名词解释

1. 人格
2. 气质
3. 性格
4. 流体智力
5. 晶体智力
6. 人格障碍

（三）问答题

1. 试述人格的特征包括哪些内容。
2. 试述马斯洛需要层次理论。
3. 试述 "大五" 因素模型。
4. 试述高级神经活动类型与气质类型的对应关系。

三、参考答案

（一）单选题

1. B 　　2. B 　　3. D 　　4. C 　　5. C 　　6. D 　　7. A 　　8. A

（二）名词解释

1. 人格：人格是指具有不同素质基础的人，在不尽相同的社会环境中所形成的意识倾向性和比较稳定的个性心理特征的总和。

2. 气质：气质是指个体在情绪和行动发生的速度、强度、持久性和灵活性等方面的动力性的心理特征。

3. 性格：性格是指个体在社会实践活动中所形成的对现实的稳定态度以及与之相适应的行为倾向性。

4. 流体智力：流体智力是指在信息加工和问题解决过程中所表现出来的能力，包括演绎推理能力、抽象概念的形成能力、类比和记忆等。流体智力是一种以生理为基础的认知能力，属于人类的基本能力。

5. 晶体智力：晶体智力是以习得的经验为基础的认知能力，如获得语言、数学等知识的能力。晶体智力取决于后天的学习，和社会文化存在密切的关联。

6. 人格障碍：人格障碍是指18岁以上成年个体的人格特征明显偏离正常，使患者形成了一贯的反映个人风格和人际关系的异常行为模式。

（三）问答题

1. 试述人格的特征包括哪些内容。

答：（1）倾向性：每个个体的人格都具有一定的倾向性。在人格的发展过程中，个体对外界事物表现出特有的动机、愿望、定势和亲和力，形成各自的态度体系和内心环境，从而发展出自己独特的思维、行动以及表达情感的模式，即人格倾向。例如，不同个体感知的敏锐或迟钝，想象力丰富或贫乏等就是人格倾向在认知能力方面的体现。人格的倾向性是个体对于事物的选择性反映，也具有积极的导航作用。

（2）独特性：每个个体的遗传素质、家庭背景、身处的社会环境以及生活经历都不尽相同，个体所具有的人格特质的类型和程度也多为不同，从而造就了各自独特的人格特征。即便是生物学特征极为相近的同卵双生子也是各自具有不同的人格特性。人格的独特性不但可以通过人格测验反映出来，而且可以在实际生活中观察出来。

（3）稳定性：人格是个体在长期适应或改造客观世界的过程中逐渐发展而形成的，每个个体的人格一旦形成，就具有相对的稳定性，这一特性也是能够将不同个体从思维、情感和行为模式上区别开来的关键所在。

（4）整体性：人格是由多个方面和多种特质组合而成的，这些成分在不同维度上相互协调。意识倾向性、个性心理特征以及心理过程总是有机地结合在一起，整合形成个体人格及固有的行为模式。

（5）复杂性：人格是由多种心理现象构成的，人格既包括在环境要求下表现出的外在特质，也包括个体自己出于某种原因不愿意展示于人前或是个体自身也不知晓的内在特征。这些人格的成分又会处于动态的发展变化之中，因此会使人感到极其复杂。

（6）积极性：人格具有积极性，能够统率全部心理活动去改造客观世界和内心环境。人格可以决定决断性、坚强性、合群性等意志特征，也会影响认知能力的特征。

2. 试述马斯洛需要层次理论。

答：美国人本主义学派学者马斯洛（Maslow）提出的需要层次理论认为：个体的需要可以分为五个层次，以金字塔的形状分层进行排列，由低级到高级（由下而上）分别是：生理的需要、安全的需要、归属与爱的需要、尊重的需要以及自我实现的需要。

（1）生理的需要（physiological need）：是指个体对于食物、饮水、睡眠、性等的需要，这是人类最原始的也是最基本的需要，是需要中最有力量的一部分。

（2）安全（safety）的需要：是指个体寻求安全和稳定的需要。人都希望能过上有保障的生活，有安稳的职业和安全的住所，并希望所处的环境是有秩序的、能够预测和掌控的。这一需要得到满足了，个体才会拥有安全感，否则就会引起焦虑和恐惧。越是对于环境的应对能力差的个体（如婴儿），他们的安全需要就会越强烈。

（3）归属与爱（belongingness and love）的需要：包括个体想要结识朋友、获得爱情或是加入某一团体成为其中一员的需要等。每个个体都希望能够和其他个体建立某种心理上或情感上的联系，渴望得到爱和付出爱，这都是归属与爱的需要的表现。

（4）尊重（esteem）的需要：包括自我尊重和得到别人的尊重两方面。个体总是希望能够得到一种比较稳固的高评价，自我尊重的需要被满足了，个体就会觉得自我是有价值的，内心就会充满力量，在生活中也能够充分展现自己的能力和创造性；反之，缺乏自尊的个体则时常感到自卑，自信心也不足。

（5）自我实现（self-actualization）的需要：是指个体都具有追求自我的成长、把自己的潜能进行最大限度的发挥的需要。当个体能够把潜能充分开发，生活得充满活力和富于创造性，便是达到了自我实现。

马斯洛认为需要都是先天的，越是低层的需要，其强度越大，当低层次的需要被满足后，高层次的需要才会被释放，需要呈波浪式由低层次向高层次发展。马斯洛相信每个个体都具有把自己的潜能发挥到极致的需要，即金字塔顶端的自我实现的需要，但是只有少数个体可以真正地完成自我实现。马斯洛的这一理论不失为一种比较完整系统的需要学说，但这一理论的一些片面性也已经被指出。例如，人的需要可以分为生物需要和社会需要，马斯洛把需要都说成是先天的，是模糊了两者的区别；再者，高级需要对于低级需要是具有调节作用的，而并非马斯洛认为的低级需要未满足就不可能释放高级需要。

3. 试述"大五"因素模型。

答："大五"因素模型：在卡特尔的早期工作之后，大量不同的研究都显示，有五个人格维度在大量不同方法的研究中不断被发现，从而形成了著名的"大五"因素模型（the Big-Five model）。这五个人格特质因素是：

（1）开放性（openness）：开放性是指个体具有富于想象、情感丰富、求异、自主等特质。

（2）尽责性（conscientiousness）：尽责性是指个体显示出谨慎细心、自律、克制和有条理等特质。

（3）亲和性（agreeableness）：亲和性是指个体具有乐于助人、信任、谦虚等特质。

（4）外向性（extraversion）：外向性是指个体表现出热情、好交际、果断、乐观等特质。

（5）神经质（neuroticism）：神经质是指个体具有焦虑、敌对、压抑、冲动、缺乏安全感等特质。

以上五个维度的英文首字母组合在一起就是"OCEAN"一词，代表了人格的海洋。通过这一模型的测评，可以在一定程度上对个体的行为表现进行预测。例如，高尽责性的个体在学校或职场都会表现较为优秀；低亲和性和低尽责性的青少年则可能出现较多的违法行为等。因此，"大五人格因素测定量表"被广泛应用于研究中的人格评测或职业人事选拔等。

4. 试述高级神经活动类型与气质类型的对应关系。

答：巴甫洛夫认为对人类而言，高级神经活动类型就是气质。因此，动物高级神经活动类型的划分原则同样适用于人类的气质类型的划分。也就是说，基本神经过程的三个特性也是人类个体气质差异的主要生理基础，四种高级神经活动类型（表 11-1）与四种气质类型可以一一对应。例如，胆汁质个体乐观热情、易激好斗，神经过程强而不均衡，对应于兴奋型；多血质个体精力充沛、均衡稳定，神经过程强且均衡性和灵活性都高，对应于活泼型；黏液质对应于安静型，神经过程强而均衡，但灵活性不高，个体表现沉静稳重；抑郁质对应于抑制型（或弱型），个体神经过程较弱，在生活中较为悲观、心境时常忧虑暗淡。

表 11-1 高级神经活动类型表

神经类型	强度		均衡性	灵活性
	兴奋过程	抑制过程		
兴奋型	强	—	不均衡	—
活泼型	强	强	均衡	大
安静型	强	强	均衡	小
抑制型	弱	弱	—	—

（王晟怡）

第十二章　饮食控制的生理心理

一、教材精要

（一）内容简介

本章介绍了引起渗透性渴与容量性渴的基本途径、影响摄食行为的主要脑区、主要的增食及厌食信号物质、盐欲有关的神经内分泌机制和摄食障碍的表现等内容。

（二）教材知识点

1. 饮水行为的生理心理

（1）体液平衡概述：体液由通透性不同的生物膜分隔成一个细胞内液区间和 3 个细胞外液区间：细胞间液（组织液）、血液、脑脊液。组织液与细胞内液之间的液体平衡，取决于晶体渗透压（由离子浓度决定的）。正常时，组织液与细胞内液的溶质浓度是平衡的，称为等张（isotonic），也就是说两个区间的水分进出平衡。如果组织液因水分丢失而浓缩，则形成高张（hypertonic），导致细胞内液的水分扩散出细胞；若组织液因水分增加而稀释，则称为低张（hypotonic），水就扩散入细胞。以上两种情况都会危及细胞的功能，缺水使细胞不能完成多种反应；水过多则形成肿胀，可导致细胞破裂。

由于毛细血管壁对水与电解质有较大的通透性，所以晶体渗透压无法保持血浆容量的稳定。血浆容量的保持有赖于毛细血管的通透性和血管内、外的有效滤过压；其关键因素是血浆蛋白浓度及毛细血管静脉端的血压。

有效滤过压 =（毛细血管血压 + 组织液胶体渗透压）−（血浆胶体渗透压 + 组织液静水压）

人的肾脏通过肾单位的滤过 - 重吸收 - 分泌机制调节体液中的水和溶质（主要是钠）的排出以维持渗透压的稳定，并控制细胞外液的容量和浓度（张力）。如果大量饮水，肾脏排出低渗尿来平衡；若因出汗、腹泻、失血等丢失大量体液，则肾脏排出极少量的高渗尿以保存水。这就是肾脏的稀释 - 浓缩机制。肾脏主要通过醛固酮（aldosterone，ALD）、精氨酸升压素（arginine vasopressin，AVP）控制水、钠的排泄。

（2）渗透性渴和容量性渴："渴"（thirst）的原意是指人们诉说缺水时的一种主观感觉，它是体内渗透压或细胞外液稳态失衡时的一种特殊知觉，又是调节体液容量和渗透压的启动因子。渴觉因引起的原因不同，可分为渗透性渴（osmometric thirst）和容量性渴（volumetric thirst）。两者引起不同的行为。

1）渗透性渴：渗透性渴是由 AV3V 的渗透压感受器引起的。感受器位于 OVLT 及其邻近的脑区。渗透压感受器的激活增加 AVP 分泌与刺激饮水。① AVP 的分泌受渗透压变化的影响，渗透压升高意味着机体需水量增多，常见于禁食、脱水或盐摄入过多。血浆渗透压增高,血液中 AVP 开始升高,通过作用于远曲小管与集合管,促进原尿中水分的重吸收,使尿量减少。②口渴引起饮水行为:与 AVP 分泌相比,饮水行为的调节更为直接、快速和无限度。③利钠因子作用:血浆渗透压升高可促使内源性利钠因子分泌,增加 NaCl 的排出。主要有心房钠尿肽(atrial natriuretic peptide, ANP)和缩宫素(oxytocin, OXT)。④与渗透压有关的物质盐摄入减少。

2)容量性渴:当机体由于失血、腹泻、出汗而使体液大量丧失导致血容量减少时引发容量性渴,也需要启动水保持和尿液浓缩的生理反应来调整。① AVP:与渗透压改变一样,血容量降低也可引起 AVP 分泌,但传入途径是通过心血管的反射。②容量性渴通过心脏压力感受器经迷走神经-孤束核-SON 可因肾血流量减少触发肾素-血管紧张素-醛固酮系统,醛固酮分泌增多,导致钠潴留,使血容量增加。血管紧张素Ⅱ(Ang Ⅱ)也可能通过室周器官(主要是 SFO 及 MPON)中的受体起作用。③饮水:血容量降低通过口渴引起水摄入量增加。

(3)渴与盐欲的神经控制:室周系统(circumventricular system)是指第三脑室前腹侧周围的相关脑区(包括 OVLT),它们包含有渗透压感受器,可刺激渴觉与 AVP 分泌。第三脑室前部(背侧与腹侧)是脑内整合渗透性与容量性信号和控制饮水、盐欲及 AVP 分泌的部位。

1)渴的神经机制:当血浆晶体渗透压增高时,全身所有细胞都会脱水,渗透感受性细胞具有特殊的神经联系,这些联系是引起 AVP 分泌和引起口渴的基础。主要分布在下丘脑前部第三脑室前腹侧壁区域(anterior venterial Ⅲ ventricle area, AV3V)。其中 OVLT 及其邻近区域是感受血浆渗透压的主要部位。已知包括血管紧张素能通路、胆碱能通路和肾上腺能通路在内的多种通路都与中枢渴机制有关。① OVLT 主要和渗透压感受有关。② SFO 因其解剖位置和结构的特点,能监测外周血液循环和脑脊液中致渴物质(如血管紧张素Ⅱ、胃肠激素、降钙素基因相关肽等)的变化;SFO 最重要的行为性输出是控制饮水。③ MPON 在血脑屏障的脑侧,接受室周器官以及后脑传入的信号,传出纤维投射到 SON 和 PVN,调节 AVP 和 OXT 的分泌。④ AV3V 区对引起渗透性渴及容量性渴的大部分或全部刺激起整合作用。⑤外侧下丘脑(lateral hypothalamus, LH)具有饮水、摄食及其他行为的功能。下丘脑受损阻断渗透性及容量性渴,但不阻断进餐相关的饮水。⑥未定带(zona incerta)与饮水行为的运动机制有联系。未定带发出轴突到运动相关的脑区,包括基底节、脑干网状结构、红核、导水管周围灰质及脊髓前角。

2)盐欲的神经内分泌机制:盐欲(salt appetite 或 sodium-specific hungry)是钠缺乏引起的对盐的需求欲,是补充体液储备的重要行为。体内钠缺乏引起的低容量血症(hypovolemia)可刺激肾脏分泌肾素,启动肾素-血管紧张素-醛固酮(renin-angiotensim-aldsterone, R-A-A)系统,引起盐欲。

2. 摄食行为的生理心理　早期的生理学研究从"功能定位"的观点出发,通过毁损、刺激的传统手段发现下丘脑外侧区(LH)与腹内侧下丘脑(ventromedial hypothalamus, VMH)分别与摄食及"饱足"(satiety)有关,提出"双中枢理论"。随后的微电极研究发现两者相互制约和对血糖水平敏感,发展为"饥饿"与"饱足"成对拮抗中枢的观点。随后又从"自稳态"(homeostasis)角度提出体重是由能量的摄入与消耗被生理机制稳态调节在某一调定点范围的观点。由于影响调定点的变量太多,并随着分子生物学和肠神经系统的研究进展,现在看来,对摄食行为的影响,不仅取决于一餐饥、饱的短时调节,还涉及以能量贮备为基础的长期调节。而影响因素也不仅是定位于 CNS 的一些核团，还包括存在于胃肠道壁内的肠神经系统及其与 CNS 间传递信息的神经、体液因素。如自主神经的传入、传出径路；神经化学研究发现的许多传递增食、厌食信号作用的激素和神经调(递)质所形成了摄食调节的网络环路。而且还应该考虑到人类特有的社交与文化对饮食的影响。

（1）下丘脑对摄食的调节：调控摄食及饱足的神经过程中有许多神经内分泌活性因子，如神经肽 Y（NPY）、前阿黑皮素（POMC）、瘦素（leptin）、增食因子（orexin, OX）等及相关受体的参与，形成以下丘脑为中心的摄食调节网络环路。这个网络环路的神经元群具有生成和接受增食信号（orexigenic signal）和厌食信号（anorexigenic signal）的能力，成为中枢神经系统（CNS）与近年受到关注的"肠神经系统"（enteric nervous system, ENS）调控摄食和能量平衡的重要中转站。下丘脑调节摄食的网络环路的主要脑区为：

1）外侧下丘脑（LH）：有葡萄糖敏感和非葡萄糖敏感神经元，前者按血糖水平调节胰岛素分泌及改变味觉的反应性；后者与觅食和寻水动机有关。刺激 LH 可促进摄食及觅食行为。在美食前，LH 神经元活性增加。LH 还能生成增食因子，并在长期食物剥夺后释放，以驱动饥饿动物觅食；但对正常摄食的作用有限。

2）内侧下丘脑：以此为中心的较大损伤可导致贪食和超重。主要的脑区：①下丘脑腹内侧区（ventromedial hypothalamus, VMH），或称腹内侧核（ventromedial nucleus, VMN）：度量食物摄取并在养料足够时抑制进食，这种行为被认为是饱感的体验；毁损将引起严重过食。②下丘脑背内侧核（DMN）：微量注射多种增食信号物质可引起进食。ARC 传入的神经元释放 NPY 到 DMN，刺激摄食；瘦素可抑制这一作用。

3）弓状核（arcuate nucleus, ARC）：是整合摄食的重要部位。位于下丘脑底部第三脑室两侧，含有多种神经元，由于其血脑屏障不完整，易受外周信号如瘦素、胰岛素和胃促生长素（ghrelin）的影响。

4）室旁核（PVN）及穹窿周区（PFA）：损毁 PVN 导致多食与增加体重。

（2）边缘系统对摄食行为的调控：杏仁核是边缘前脑的重要组成部分，杏仁核涉及情感与动机等功能，在调控摄食行为中，可能通过对食物的好、恶来启动或抑制摄食行为。杏仁基底外侧核群（basolateralis nuclei amygdale, BLNA）可抑制摄食行为。杏仁中央核（central nucleus amygdala, CeA）对摄食中枢进行正调控，更多地参与食物引起的可口感，进而引起摄食的动机，增进摄入量。

（3）孤束核：孤束核（nucleus tractus solitarius, NTS）是调节摄食行为的重要核团。因为终止于这里的迷走传入纤维带来胃肠道的各种信息，是肠神经系统（ENS）传入 CNS 信息的重要中转站。

（4）影响摄食行为的化学因素

1）葡萄糖、胰岛素、胰高血糖素：餐后血糖升高促使胰岛素分泌，使葡萄糖进入细胞，使食欲降低。进入脑内的胰岛素，起着餍足激素的作用，进一步减轻饥饿。当血糖降低，感受器检出其下降，机体的促进机制增加葡萄糖的利用度。这种机制之一就是胰脏释放更多的胰高血糖素使葡萄糖进入血液。另一种机制就是增加饥饿感。

2）传送增食与厌食信号的化学物质：下丘脑有多种影响进食的神经调质和激素，增加进食的有神经肽 Y、增食因子（orexin）、胃促生长素、甘丙肽、刺鼠基因相关肽（AgRP）等；抑制进食的有瘦素、CCK、CRH 等（表 12-1）。

表 12-1　传送增食与厌食信号的化学物质

增食信号物质	厌食信号物质
神经肽 Y（NPY）	瘦素（leptin）
增食因子 A 及 B（orexin A & B）	缩胆囊素（CCK）
胃促生长素（ghrelin）	5- 羟色胺（5-HT）
刺鼠基因相关肽（agoutigene related peptide, AgRP）	促肾上腺皮质素释放激素（CRH）
去甲肾上腺素（NE，作用于 α_2 受体）	NE（作用于 α_1 受体）
黑色素浓缩激素（melanin-concentrating hormon, MCG）	α- 黑素细胞刺激素（α-MSH）
生长素激素释放激素（GHRH）	胰高血糖素样肽 1（GLP-1）
甘丙肽（galanin, GAL）	蛙皮素及相关肽
GABA	雌激素
阿片肽类（强啡肽及 β- 内啡肽）	胰岛素

瘦素的功能是多方面的，主要表现在对脂肪及体重的调控：①抑制食欲：使摄食明显减少，体重和体脂含量下降；②增加能量消耗：作用于中枢，增加交感活性，使贮存的能量转为热能释放；③影响脂肪代谢：抑制脂肪合成，促其分解，也认为可促进脂肪细胞成熟；④影响内分泌：胰岛素促进瘦素分泌，而瘦素对胰岛素的合成、分泌起负反馈调节。瘦素是启动消化期胃运动的激素。瘦素与 CCK 共同调控长时程饱感信号。

目前认为，食物摄入后对胃的充胀刺激主细胞释放瘦素，向 CNS 传递信号的通路有二：①瘦素进入血液循环，通过延髓极后区（area postrema）直接到达下丘脑的 LH、VMH 以及 ARC，抑制胃运动及排空和摄食；②瘦素通过迷走神经到达延髓 NTS，再作用于 LH、VMH 和 ARC 抑制胃运动及排空和摄食。这一过程启动了短时程的饱感信号，当食物抵达十二指肠刺激十二指肠黏膜 I 细胞释放 CCK，后者与瘦素一起协同维持长时程的饱感信号。

（5）脑 - 肠轴在摄食控制中的作用：在摄食调控的神经网络中作为长、短时信号因子起着重要调节作用的瘦素、CCK、肽 YY（PYY）、胃促生长素等胃肠道肽类激素的反应速度提示这是神经机制。胃壁的扩张是一种强有力的饱感信号，抑制摄食行为。胃扩张兴奋型神经元（GD-EXC）主要位于孤束核，而 GD-INH 主要位于迷走背核。

（6）摄食障碍：摄食障碍（eating disorder）是指由社会心理因素引起的，故意拒食、节食或呕吐，导致体重减轻和营养不良，或出现发作性不可克制的贪食等异常的进食行为。

1）神经性厌食症（anorexia nervosa）：是一种多见于青少年女性的进食行为异常。患者对自己的身体形象产生不正常认识，担心发胖；临床表现为用自愿禁食、引吐、服药、锻炼等方法过度追求减轻体重，甚至在明显消瘦的情况下仍自认太胖。

2）神经性暴食症（bulimia nervosa）：又称心因性暴食症或神经性贪食症，一般简称为暴食症。表现为反复发作和不能自控的持续性快速过度进食。

3）神经性呕吐（nervous vomiting）：又称心因性呕吐（psychogenic vomiting），以自发或故意诱发的反复呕吐为特征，这是一类多源性的症状，常与心情不悦、心理紧张、内心冲突有关，无器质性病变作为基础。

（三）本章小结

本章介绍了饮食控制的相关知识，尤其对饮食控制的生理心理机制进行了重点介绍，此部分内容涉及生理部分较多，掌握起来相对较为困难，影响摄食行为的主要脑区是重点和难点，需要着重掌握。关于饮食控制的研究越来越多，希望在掌握基本脑机制的基础上能够进一步理解其产生的机制，解决生活中常见的饮食相关问题。

二、复习题

（一）单选题

1. 下列能引起盐欲的是
   A. 低容量血症　　　　　　　　　　B. 呕吐
   C. 腹泻　　　　　　　　　　　　　D. 失血

2. 反映体内脂肪储存量的主要信号分子是
   A. 胰岛素　　　　　　　　　　　　B. 儿茶酚胺
   C. 去甲肾上腺素　　　　　　　　　D. 乙酰胆碱

3. 以下不会导致容积性渴的是
   A. 呕吐　　　　　　　　　　　　　B. 腹泻
   C. 失血　　　　　　　　　　　　　D. 出汗

4. 近年来所积累的科学事实表明，下丘脑外侧区、旁室核和穹窿周区是
   A. 防御行为中枢　　　　　　　　　B. 饮水行为中枢
   C. 饥饱感觉中枢　　　　　　　　　D. 性行为中枢

5. 细胞外液不包括
   A. 细胞液　　　　　　　　　　　　B. 血浆
   C. 脑脊液　　　　　　　　　　　　D. 细胞间质

6. 以下物质减少可以在血液中为饥饿及进食提供信号的是
   A. 葡萄糖　　　　　　　　　　　　B. 脂肪
   C. 氨基酸　　　　　　　　　　　　D. 维生素

7. 进食调定点学说的双中枢（饱足和摄食）分别指
   A. 腹侧下丘脑，内侧下丘脑　　　　B. 内侧下丘脑，基底前脑
   C. 外侧下丘脑，腹内侧下丘脑　　　D. 腹内侧下丘脑，外侧下丘脑

8. VMH 受损的动物会
   A. 体重丧失，甚至饿死　　　　　　B. 过食并体重增加
   C. 极度挑食，偏好美食　　　　　　D. 尽力获取食物

9. 关于神经性厌食，以下错误的是
   A. 2%~5% 的厌食者，最终死于自己的病
   B. 主要发生于青年妇女
   C. 厌食者并不会感到饥饿
   D. 典型的厌食者对自身体形的认识是错误的

10. 关于神经性贪食描述不正确的是
    A. 大量进食后，又强令呕出　　　　B. 常伴有厌食症
    C. 仅见于青年妇女　　　　　　　　D. 与心理、社会文化因素无关

（二）名词解释

1. 渴

2. 盐欲

3. 渗透性渴

4. 容量性渴

5. 摄食障碍

6. 神经性厌食症

7. 神经性暴食症

（三）问答题

1. 引起渗透性渴和容量性渴的基本途径是什么？

2. 血容量降低引起饮水行为的路径是什么？

3. 下丘脑有哪些核团参与摄食调节？

4. 促进和抑制摄食行为的化学物质有哪些？

5. 常见的摄食障碍有哪些？

6. 简述人们对摄食行为生理心理认识的发展。

三、参考答案

（一）单选题

1. A　　2. A　　3. A　　4. C　　5. A　　6. D　　7. D　　8. B　　9. A　　10. D

（二）名词解释

1. 渴：缺水（体内渗透压或细胞外液稳态失衡）时的一种特殊知觉。

2. 盐欲：钠缺乏引起的对盐的需求欲，是补充体液贮备的重要行为。

3. 渗透性渴：禁食、脱水、或盐摄入过多使细胞外液中溶质浓度增大，导致细胞内液中的水分渗透到细胞外液，使细胞内液减少而引起的渴觉。

4. 容量性渴：当机体由于失血、腹泻、出汗而使体液大量丧失导致细胞外液不足将产生容量性渴。

5. 摄食障碍：是指由社会心理因素引起的，故意拒食、节食或呕吐，导致体重减轻和营养不良，或出现发作性不可克制的贪食等异常的进食行为。

6. 神经性厌食症：是一种自我造成（用自愿禁食、引吐、服药、锻炼等方法）的体重下降到正常生理标准以下的摄食障碍。

7. 神经性暴食症：是一种以不能自控的持续性快速过度进食和自我清除（人为呕吐）为特征的摄食障碍。

（三）问答题

1. 引起渗透性渴和容量性渴的基本途径是什么？

答：引起渗透性渴的基本途径：血浆晶体渗透压升高引起全身细胞脱水（脱水、高渗盐水灌注、低血容量、中枢和外周注射 Ang Ⅱ 等）。引起容量性渴的基本途径：血容量减少（机体由于失血、腹泻、出汗而使体液大量丧失）。

2. 血容量降低引起饮水行为的路径是什么？

答：（1）AVP：与渗透压改变一样，血容量降低也可引起 AVP 分泌，但传入途径是通过心血管的反射。

（2）容量性渴通过心脏压力感受器经迷走神经 - 孤束核 -SON 可因肾血流量减少触发肾素 - 血管紧张素 - 醛固酮系统,醛固酮分泌潴钠素使血容量增加。Ang Ⅱ也可能通过室周器官（主要是 SFO 及 MPON）中的受体起作用。

（3）饮水：血容量降低通过口渴引起水摄入量增加。

3. 下丘脑有哪些核团参与摄食调节?

答：调控摄食及饱足的神经过程中有许多神经内分泌活性因子,如神经肽 Y（NPY）、前阿黑皮素（POMC）、瘦素（leptin）、增食因子（orexin, OX）等及相关受体的参与,形成以下丘脑为中心的摄食调节网络环路。这个网络环路的神经元群具有生成和接受增食信号（orexigenic signal）和厌食信号（anorexigenic signal）的能力,成为中枢神经系统（CNS）与近年受到关注的"肠神经系统"（enteric nervous system, ENS）调控摄食和能量平衡的重要中转站。下丘脑调节摄食的网络环路的主要脑区为：

（1）外侧下丘脑（LH）：有葡萄糖敏感和非葡萄糖敏感神经元,前者按血糖水平调节胰岛素分泌及改变味觉的反应性；后者与觅食和寻水动机有关。刺激 LH 可促进摄食及觅食行为。在美食前,LH 神经元活性增加。LH 还能生成增食因子,并在长期食物剥夺后释放,以驱动饥饿动物觅食；但对正常摄食的作用有限。

（2）内侧下丘脑：以此为中心的较大损伤可导致贪食和超重。主要的脑区：①下丘脑腹内侧区（ventromedial hypothalamus, VMH）,或称腹内侧核（ventromedial nucleus, VMN）度量食物摄取并在养料足够时抑制进食,这种行为被认为是饱感的体验；毁损将引起严重过食。②下丘脑背内侧核（DMN）：微量注射多种增食信号物质可引起进食。ARC 传入的神经元释放 NPY 到 DMN,刺激摄食；瘦素可抑制这一作用。

（3）弓状核（arcuate nucleus, ARC）：是整合摄食的重要部位。位于下丘脑底部第三脑室两侧,含有多种神经元,由于其血脑屏障不完整,易受外周信号如瘦素、胰岛素和胃促生长素的影响。

（4）室旁核（PVN）及穹窿周区（PFA）：损毁 PVN 导致多食与增加体重。

4. 促进和抑制摄食行为的化学物质有哪些?

答：主要的增食信号物质有神经肽 Y（NPY）、增食因子（orexin）、胃促生长素（ghrelin）等；主要的厌食信号有瘦素（leptin）、缩胆囊素（CCK）、5- 羟色胺（5-HT）、胰岛素、胰高血糖素样肽 1（GLP-1）等。

5. 常见的摄食障碍有哪些?

答：（1）神经性厌食症（anorexia nervosa）是一种多见于青少年女性的进食行为异常。患者对自己的身体形象产生不正常认识,担心发胖；临床表现为用自愿禁食、引吐、服药、锻炼等方法过度追求减轻体重,甚至在明显消瘦的情况下仍自认太胖。

（2）神经性暴食症（bulimia nervosa）又称心因性暴食症或神经性贪食症,一般简称为暴食症。表现为反复发作和不能自控的持续性快速过度进食。

（3）神经性呕吐（nervous vomiting）又称心因性呕吐（psychogenic vomiting）,以自发或故意诱发的反复发作的呕吐为特征。这是一类多源性的症状,常与心情不悦、心理紧张、内心冲突有关,无器质性病变作为基础。

6. 简述人们对摄食行为生理心理认识的发展。

答：早期的生理学研究从"功能定位"的观点出发,通过毁损、刺激的传统手段发现下丘脑外侧区（LH）与腹内侧下丘脑（ventromedial hypothalamus, VMH）分别与摄食及"饱足"

（satiety）有关，提出"双中枢理论"。随后的微电极研究发现两者相互制约和对血糖水平敏感，发展为"饥饿"与"饱足"成对拮抗中枢的观点。随后又从"自稳态"（homeostasis）角度提出体重是由能量的摄入与消耗被生理机制稳态调节在某一调定点的观点。由于影响调定点的变量太多，并且随着分子生物学和肠神经系统的研究进展，现在看来，摄食行为不仅取决于一餐饥、饱的短时调节，还涉及以能量贮备为基础的长期调节。而影响因素也不仅是定位于 CNS 的一些核团，还包括存在于胃肠道壁内的肠神经系统及其与 CNS 间传递信息的神经、体液因素。如自主神经的传入、传出通路；神经化学研究发现的许多传递增食、厌食信号作用的激素和神经调 / 递质所形成了摄食调节的网络环路。而且还应该考虑到人类特有的社交与文化对饮食的影响。

（阙墨春）

第十三章　睡眠的生理心理

一、教材精要

（一）内容简介

本章介绍了睡眠周期、梦、觉醒的生理机制、睡眠的生理机制、觉醒与睡眠发生系统的调节以及睡眠障碍的有关知识。

（二）教材知识点

1. **睡眠周期**　目前国际上通用的方法是根据睡眠过程中的眼球运动情况、脑电图 EEG 和肌电图肌张力 EMG 的变化等，将睡眠划分为 NREM 睡眠（非快速眼动睡眠）和 REM 睡眠（快速眼动睡眠）。

（1）NREM 睡眠：NREM（non rapid eye movement）睡眠又称同步化睡眠（synchronized sleep）、正相睡眠（orthodox sleep）及非快速眼动睡眠等。此阶段的特点为全身代谢减慢，脑血流量减少，呼吸平稳，心率减慢，血压下降，体温降低，全身感觉功能减退，肌肉张力降低（仍然能够保持一定姿势），无明显的眼球运动等。

目前根据 EEG 的特征主要分为 Ⅰ、Ⅱ、Ⅲ、Ⅳ 期，以下是 NREM 阶段各期睡眠的特征：①觉醒期：一般为连续的 α 波，其频率为 8~12Hz/s，但波幅逐渐降低。α 波意味着放松，并不代表所处觉醒状态。此时虽然有点犯困，但对周围环境还是保有一定的注意力。②Ⅰ期（入睡期）：实际上是清醒到睡眠之间的过渡阶段。此时脑电活动减慢，心率和呼吸速度放慢。脑电图主要由不规律的、锯齿状的低压电波构成，频率为 4~7Hz/s。有一部分的 α 波，但是相对于觉醒期来说 α 波逐渐减少，所以频率变慢，并且含有 θ 波和频率较慢的 β 波不规则的混杂出现，在 Ⅰ 期睡眠中一般不会出现纺锤波和 K- 复合波，如有的话，出现频率不能超过 1 次 /min。在这一期睡眠中，眼球可以有持续飘移运动，睡眠迷迷糊糊。Ⅰ期约占总睡眠时期的 2%~5%。③Ⅱ期（浅睡期）：这一时期睡眠比 Ⅰ 期睡眠要深。可以明显地看见睡眠纺锤波和 K- 复合波。纺锤波由一组突然暴发的 12~14Hz 的波构成，波幅先由小到大，再由大到小，形似纺锤，持续时间至少达 0.5s。纺锤波是丘脑和皮质细胞振荡交互的结果。K- 复合波是一种尖锐的高振幅波，在 Ⅱ 期睡眠最常见。此期也可以出现高振幅慢波，即 δ 波，但所占的比例应在 20% 以下。此时脑电活动减慢，心率和呼吸速度放慢，实际上已经进入了真正的睡眠而处于浅睡的状态。这一时期占总睡眠时期的 45%~55%。④Ⅲ期（中度睡眠期）：脑电波频率明显变慢，每秒 4~7 次，波幅增高，出现每秒 0.5~3 次的极慢波即 δ 波，也有少量 β 波。此期 δ 波所占比例占 50% 以下。Ⅲ期睡眠以纺锤波为主，这是睡眠的重要标志之一。此时睡眠程度加深，唤醒阈明显升高，已不容易被唤醒。这一时期约占总睡眠时期的 3%~8%。⑤Ⅳ期（深睡期）：纺锤波消失，δ 波比 Ⅲ 期的多。此期持续 0.5s 以上的慢波

δ波所占比例为50%以上。进入深睡状态时机体和外界刺激隔开,人难以醒来,此时唤醒阈最高,睡眠也最稳定,难被唤醒。这一时期占总睡眠时期的10%~15%。

其中Ⅰ、Ⅱ期合称为浅层睡眠,此阶段易被唤醒,Ⅲ、Ⅳ期合称为深层睡眠,或慢波睡眠(SWS),儿童的尿床、梦游或夜惊均发生在此阶段。

2007年美国睡眠医学学会(AASM)制定了新的睡眠判读标准指南,将NREM睡眠中的Ⅲ期和Ⅳ期合称为NREM Ⅲ期睡眠,不再对其进行进一步的划分。N1、N2期为浅睡眠期,N3期为深睡眠期,亦称慢波睡眠期。

(2)REM睡眠:REM(rapid eye movement)睡眠又称快波睡眠(FWS)或异相睡眠(paradoxical sleep)、去同步化睡眠(desynchronized sleep)、布雷姆现象等。此阶段δ波明显减少,有θ波,有时还有一些α波。这一时期占总睡眠时间的20%~50%。正常人的睡眠呈周期性,每夜出现4~6次的睡眠周期。快速眼动睡眠的主要特点是出现混合频率的去同步化的低波幅脑电波。眼球快速运动,大脑皮质活跃、梦境逼真、骨骼肌瘫痪,面部及四肢肌肉有发作性的抽动,有时或出现嘴唇的吸吮动作,喉部发出短促声音,内脏活动不稳定,呼吸不规律,心率经常变动,胃酸分泌增加,有时阴茎勃起,脑各个部分的血流量都比觉醒时明显增加;以间脑和脑干最为明显,大脑则以海马及前联合一带增加较多,脑耗氧量也比觉醒时明显增加。

(3)睡眠周期:正常人的睡眠呈周期性。每个周期由非快速眼球运动睡眠(NREM)及其随后的快速眼球运动睡眠(REM)组成。正常人睡眠首先进入NREM睡眠,按Ⅰ、Ⅱ、Ⅲ、Ⅳ期顺序进行,再返回到Ⅲ、Ⅱ、Ⅰ期的顺序进行,之后有REM阶段插入,持续10~20min,完成第一个睡眠周期。然后再从NREM睡眠开始,进入第二个睡眠周期。从一个REM睡眠到下一个REM睡眠时间大约相隔90min。越接近睡眠后期,REM睡眠持续时间逐渐延长。最后一次REM睡眠时间最长,睡眠最深,唤醒阈也最高。正常成年人整夜睡眠中将出现4~6个上述周期的变化。NREM睡眠中尤其Ⅲ、Ⅳ期睡眠最为重要,大脑可以得到充分休息,疲劳恢复的效果也最好。Ⅲ、Ⅳ期睡眠(深睡眠)时间越长,睡眠质量就越好,如果Ⅰ、Ⅱ期睡眠占的比例高,睡眠质量就差,总有睡不醒,不解乏的感觉,就会出现睡眠不足的表现。相反,一个人虽然睡得短,但如果Ⅲ、Ⅳ期深睡眠多,则睡眠质量反而高,醒后精力充沛,所以短而深的睡眠比长而浅的睡眠好。

整个睡眠周期中,并不是一定要经历所有的睡眠阶段,但都是从第Ⅰ期开始,有时REM睡眠也可缺如。NREM睡眠总共占整个睡眠周期的75%~80%,REM睡眠占整个睡眠周期的20%~25%。成人NREM睡眠和REM睡眠都可以直接转为觉醒状态,但是成人不能直接从觉醒状态进入REM睡眠,而只能转入NREM睡眠。成人REM睡眠的时间约占整个睡眠过程的1/4,老年人睡眠时间减少,REM睡眠时间所占的比例也减少,而儿童期REM睡眠时间的比例可达1/2,因而对大脑发育有利。

2. 梦

(1)梦的概述:个体在睡眠过程中的心理活动主要表现为做梦。梦是有机体在睡眠过程中产生的一种自发的心象活动。整个睡眠周期的各个阶段都会产生心理活动和梦。REM睡眠期所做的梦与快速眼球运动有关。REM睡眠期的梦比较生动、荒诞离奇、缺乏理性,充满丰富的故事情节和较多的情感体验以及丰富的视觉表象。NREM睡眠期的梦没有系统性、组织性,情节比较平淡,但却与白天生活事件关系较紧密,做梦者无法描述梦境的全部情节。

（2）梦的理论解释

1）梦的精神分析理论：Freud 认为梦是一种有意义的心理活动。梦是被人们以往被压抑或排斥的愿望所激发的，是潜意识过程的显现，是被压抑的无意识冲动和愿望以改变的形式出现在意识中，这些冲动和愿望反映了人们的本能。做梦是为了宣泄一些被压抑或排斥的能量。

2）梦的认知观点：认知心理学认为梦具有认识功能，做梦是一个认知过程，梦中情景是人们思想的具体化，做梦的过程就是通过检索、排序、整合、巩固等认知活动，使头脑中存储的部分知识经验进入意识状态的过程。梦的连续性假设则认为，梦是人们在觉醒状态时的经历、想法和顾虑的清晰反映。即梦和个体觉醒状态下关注的主要事件有关，梦反映了个体觉醒状态下的所思所想。

3）梦的激活 - 合成理论：Hobson 认为梦仅仅是生物学现象，不表达任何意义。梦的本质是大脑皮质对随机神经冲动信号的主观体验。需要有一定数量的刺激来维持脑与神经系统的正常功能。在睡眠时，由于刺激减少，神经系统会产生一些随机活动，这些神经信号通过丘脑传导到皮质视觉区和皮质联合区，并使用已经存在的知识结构来解释和处理这些信息。梦是由于大脑皮质试图赋予这些随机信号意义而产生的。

4）梦的威胁模拟理论：Revonsuo 认为个体对在生活中遇到的威胁性事件会在梦中进行反复的模拟，以提升自己识别、应对威胁的能力，为下一次更好地识别此威胁并解决该威胁作好准备。

3. 觉醒的生理机制　　觉醒（wakefulness）是大脑中觉醒系统介导的皮质兴奋，是生物维持生命正常活动的基础。觉醒时，脑电波一般呈去同步化快波，闭目安静时枕叶可出现 α 波，抗重力肌保持一定的张力，维持一定的姿势或进行运动，眼球可产生追踪外界物体移动的快速运动。

觉醒状态的维持是脑干上行网状激活系统（ascending reticular activating system）的功能。主要通过非特异性投射系统弥散性投射到大脑皮质。此外，大脑皮质的感觉运动区、额叶、眶回、扣带回、颞上回、海马、杏仁核、下丘脑等脑区也可通过下行纤维兴奋网状结构。

（1）中脑网状结构：该结构从延髓一直延伸至前脑，其中部分神经元轴突上行投射至大脑，部分神经元的轴突则下行至脊髓。中脑是网状结构中与皮质唤醒有关的结构之一，这里的神经元接收来自多个感觉系统的信息输入，同时产生自发活动，其神经元轴突延伸至前脑，释放乙酰胆碱和谷氨酸，从而兴奋下丘脑、丘脑和前脑基底部的神经细胞。

（2）脑桥蓝斑核：蓝斑核位于脑桥背内侧被盖部，分为头部、中部和后部三部分，蓝斑核执行着许多被统归于网状结构的功能，包括兴奋性输入和抑制性输入，具有维持脑电活动去同步化作用。蓝斑核发出的神经轴突所释放的去甲肾上腺素可遍布于新皮质、海马、丘脑、小脑皮质、脑桥和延髓，从而引发唤醒。但在大部分时间里蓝斑核都是处于不活跃的状态，当遇到有意义的刺激（尤其是能引起情绪唤醒的刺激时）便会发出神经冲动。刺激蓝斑能够增强近期记忆的存储并提高觉醒水平。

（3）下丘脑：下丘脑的多个神经通路都与唤醒有关，其中一条通路释放组胺，对整个大脑产生兴奋作用。释放组胺的细胞在觉醒时活跃，而在睡眠和觉醒交替时（如准备睡觉时和刚起床时）相对不活跃。另一条起自下丘脑的外侧核和背侧核的神经通路也影响唤醒，它释放 orexins。这些轴突延伸至前脑基底部和其他脑区，释放 orexins 刺激这些脑区内负责觉醒的神经元。还有一些起自外侧下丘脑的神经通路能够调节前脑基底部的神经元,前脑基底部发出的轴突延伸至整个丘脑和大脑皮质,这些轴突中有的释放兴奋性神经递质乙酰胆碱,可以提高唤醒程度;另一些轴突通过刺激其他神经元释放 γ- 氨基丁酸(GABA),没有GABA 的抑制作用,睡眠就不会发生。

4. 睡眠的生理机制与生理作用　睡眠是一种主动的过程,当相关的神经通路活跃时诱发,即这个通路的激活使人进入睡眠。NREM 睡眠和 REM 睡眠两个不同的脑功能状态分别受脑内 NREM 睡眠生理机制和 REM 睡眠生理机制控制。

(1)NREM 睡眠的生理机制:下丘脑腹外侧视前区(ventrolateral preoptic area, VLPO)在人入睡时起到了尤为重要的作用。解剖学和组织化学的研究表明,VLPO 区包括抑制的GABA 分泌神经元,并且这些神经元释放它们的突触到结节乳头核神经元(TMN)、脑桥背侧、中缝核(RN)和蓝斑(LC)及其他促觉醒结构的神经元。这些大脑区域的神经元活动引起皮质激活和行为唤醒,而刺激 VLPO 会抑制这些大脑区域的活动,促进 NREM 睡眠的形成。VLPO 从它抑制的大脑区域同时也会接收抑制的输入,这些大脑区域包括结节乳头核、中缝核和蓝斑(促进觉醒状态区域),这种相互抑制的机制为睡眠和觉醒奠定了基础,这种相互抑制的机制就像一个触发器,它存在开或者关两种状态,因此,如果 VLPO 处于激活状态,促进觉醒状态区域处于抑制状态;如果促进觉醒状态区域处于激活状态,VLPO 处于抑制状态,由于这两个区域相互抑制,因此两个区域的神经元不可能同时被激活。触发器有一个很重要的优点:当它从一种状态转向另一种状态时,转换的速度特别快,因此它对睡眠和觉醒都很有益。

(2)REM 睡眠的生理机制:REM 睡眠包括去同步化的 EEG 活动、肌肉麻痹、快速眼运动以及性激活(至少在人类如此)等特征。REM 睡眠与一种独特的高幅电位桥膝枕波(ponsgeniculate-occipital, PGO)有关。这种波起源于脑桥,传播到外侧膝状体,再到一级视皮质。在外侧膝状体埋藏电极记录到 PGO 波后,出现 EEG 的同步化,接着是肌肉活动停止和 REM 睡眠的出现。

REM 睡眠受控于脑桥内的机制,执行机制(使睡眠活动从 NREM 睡眠转入到 REM 睡眠的各种机制)包括一组释放乙酰胆碱的胆碱能神经元。而在觉醒及 NREM 时期,REM 睡眠是被中缝核的 5-HT 能神经元及蓝斑核的 NE 能神经元所控制。①执行机制:执行机制主要涉及脑内的几种胆碱能神经元,在促发 REM 睡眠中起最核心作用的是背外侧脑桥,主要是脑桥背盖核以及外侧背被盖核。大多数研究者称这一脑区为臂周区,因为它们位于结合臂的区域。有研究记录臂周区的电活动,发现单个神经元的活动与睡眠周期相关。这种神经元中的大多数在 REM 睡眠时期或者 REM 及主动觉醒期都高速放电。前者被称为 REM-开细胞,它们约在 REM 睡眠开始前 80s 已经活动增加,能够唤起一阵 REM 睡眠。臂周区的胆碱能神经元的作用实现是通过轴突投射到内侧脑桥网状结构,再到前脑的几个脑区,包括丘脑、基底神经节、视前区、海马、下丘脑及扣带皮质,还到脑干的几个区域参与眼运动的控制。② 5-HT 及去甲肾上腺素的抑制效应:5-HT 及 NE 协同剂对 REM 睡眠有抑制作用。此外,中缝核的 5-HT 能神经元及蓝斑核的 NE 能神经元的放电率在 REM 睡眠期间处于极低水平。有证据表明,中缝核及蓝斑核正常情况下对臂周区神经元有抑制作用,而输注 5-HT 或 NE 的抑制剂到脑桥则可引起 REM 睡眠。

(3)睡眠的功能

1)NREM 睡眠的生理作用:深慢波睡眠期大脑皮质得到充分休息,机体以副交感神经活动占优势,合成代谢加强,储存能量为主,各种生命活动降到最低程度,耗能最少,人的心率减慢,血压降低,呼吸慢而规则。脑垂体的生长激素分泌达到高峰,使糖和蛋白质合成加强,脂肪分解加速,是促进儿童生长发育和成人精力体力恢复所必需的,维持人体的新陈代谢处于"年轻"的状态。

2)REM睡眠的生理作用:①REM是婴儿中枢神经系统发育的决定性阶段,激活大脑皮质接受感觉刺激,帮助新生儿最佳地获得新的运动和知觉技能。同时对婴儿发育的关键时期神经细胞的成熟也起着非常重要的作用。②REM睡眠和记忆:REM最重要的功能是促进大脑的成长和发展;学习与记忆信息的过滤、整合和巩固。在REM中,大脑新皮质可将记忆重新加工处理,形成新的信息库,有利于觉醒期记忆信息处理的有效性和时效性。充足的REM是保证大脑功能发育必不可少的条件。③REM睡眠与内分泌:睡眠对内分泌系统产生重要的调节性作用。睡眠质量的变化与内分泌功能和代谢的紊乱有关,睡眠紊乱引起或加重代谢综合征。改善睡眠质量的方法可能对内分泌和代谢功能有积极的意义;反之,内分泌系统的功能协调可改善睡眠质量。④REM睡眠与免疫:剥夺睡眠后机体更容易受感染的侵害,尤其是病毒感染,如感冒和流感。反之,感染导致人和动物嗜睡。⑤REM睡眠期丧失对体温的调节功能:在REM睡眠期间视前区下丘脑(POAH)体温调节中枢的温度敏感神经元处于关闭状态,不能感受外周温度变化的信息,而使体温调节中枢处于停滞状态。⑥REM睡眠与脑血管等疾病的关系:在REM睡眠中,下丘脑-垂体-肾上腺轴和交感神经功能也异常活跃,24h尿中游离皮质激素和儿茶酚胺等各种代谢产物的含量与REM睡眠所占比例呈明显正相关。因此,此期血压可以突然升高,心率和呼吸的频率和幅度可有较大波动,脑血流量和脑代谢率增加,颅内压增高,瞳孔扩大。REM能打乱正常的呼吸循环,导致血液中二氧化碳分压不断升高、血氧饱和度不断降低,从而刺激颈动脉和主动脉体化学感受器,使心率加快和外周血管显著收缩,这些变化严重影响了心脑血管功能。⑦REM睡眠与阴茎勃起:REM睡眠期支配阴茎的勃起神经会兴奋而使阴茎出现自发性勃起,持续30~60min。一夜之间,阴茎可在无意识的状态下发生勃起达3~5次之多,每次勃起的持续时间可长达1h左右。根据REM睡眠阶段的阴茎勃起现象,临床可以用来鉴别阳痿的性质。⑧REM睡眠与做梦:大量研究发现,REM睡眠与梦境有关。因为REM睡眠期所做的梦与快速眼球运动有关,所以人们推测做梦者实际上正在"观看"梦的情景,因而眼球运动与梦的内容相关,生动的梦与活跃的眼球运动相一致。

5. **觉醒与睡眠发生系统的调节** 人类的睡眠-觉醒的周期性的变化不仅是脑内各相关系统彼此互相作用的动态平衡结果,而且也是昼夜节律系统和睡眠内稳态过程调节的结果。

(1)昼夜节律:人类长期随着地球运转昼夜节律的变化,由此也带来了机体内环境的相应变化。例如体温在24h期间可以有1℃的波动,一般在傍晚达到峰值,凌晨最低。激素释放也有昼夜节律的变化,如:褪黑素释放的峰水平在晚间,生长激素则在前半夜释放;皮质醇及睾酮则在清晨(苏醒时)释放最多,而肾上腺素在午后。人们把大自然的这种现象叫"生物钟"现象。人体本身也像一架"生物钟"。睡眠就是生物钟现象之一。

生物钟节律并不是被动的、继发的应答反应,而是身体内部一种内在性的主动过程,即使将环境中的各种因素都严格控制在恒定状态,其生物钟节律现象也会照样出现。洲际飞行后人体发生的时差反应也说明了这个现象。

(2)昼夜节律调节的生理机制:从现象看,这种觉醒-睡眠节律与人们的生存环境的昼(明)-夜(暗)周期有关。深入到生理机制看,这个过程不是对周围环境的被动反应,而是体内生物钟的走时在控制着节律。

现在的生物钟理论认为，自然界中的生物为了适应自然环境，从而产生了与自然界变动节律同步的自身运动节律，生物体内主持自身运动节律的机制就叫做生物钟。生物钟位于下丘脑腹侧前部的视交叉上核（suprachiasmatic nucleus，SCN），它们受损就影响包括睡眠 - 觉醒周期在内的许多其他节律活动。

1）视交叉上核：视交叉上核（suprachiasmatic nucleus，SCN）及其传入传出通道作为哺乳动物最主要的昼夜节律中枢，它参与控制睡眠 - 觉醒周期等多种节律性活动。昼夜节律信号可能从 SCN 传到多个睡眠 - 觉醒脑区，进而调控睡眠阶段的位相转换以及睡眠 - 觉醒位相的转换。SCN 投射的睡眠 - 觉醒脑区主要包括肾上腺素能、5- 羟色胺能、组胺能以及 orexin 能系统。其中，5- 羟色胺能、去甲肾上腺素、多巴胺等神经递质主要调节脑干网状结构上行激活系统维持大脑觉醒状态；下丘脑侧部与后部的黑色素浓集激素（melanin-concentrating hormone，MCH）投射系统、下丘脑腹外侧视前区的 GABA 投射系统和 SCN 的褪黑素投射系统调节睡眠状态。

SCN 通过自身的节律性活动 影响其外周靶器官，从而使机体发生同步化的生理活动。然而，SCN 的自身节律又受多种因素的影响。概括起来主要包括两方面：①外界的环境变化；②机体内源性的影响。其中外界环境因素主要包括光线的导引作用和非光线因素，而非光线因素又包括温度、身体运动、社会因素以及年龄等。在环境因素中，当前已知最为重要的要属来自明 - 暗周期的光信号；而内源性影响中最为重要的是褪黑素和年龄因素。

2）松果体与褪黑素：松果体位于脑中缝，在胼胝体后方腹侧处。松果体利用神经递质 5-HT 合成褪黑素（melatonin，Mel）并释放入血。褪黑素主要是由哺乳动物松果体分泌产生的一种吲哚类激素，动物褪黑素的释放可直接受光线控制（即光亮抑制褪黑素释放，而黑暗刺激其释放），也可通过颈上神经节（从 SCN 投射到松果体的神经通路）来控制，即黑暗引起颈上神经节释放 NE 到松果体，使 5-HT 在 N- 乙酰转换酶的作用下生成褪黑素。同样，人在极高强度光线作用下褪黑素分泌减少。

褪黑素对睡眠和昼夜节律有重要的调节作用。一般认为，褪黑素浓度升高是机体内源性昼夜节律的信号表现，光照周期变化信号可以通过视觉系统和交感神经将信号传至松果体，引起褪黑素分泌变化。褪黑素可能通过作用于 SCN 昼夜起搏点，调节机体昼夜节律变化，使机体内源性节律与外环境周期相一致，从而影响觉醒 - 睡眠周期。此外，褪黑素能使体内其他激素系统的活动协调起来，使他们与睡眠 - 觉醒周期同步化（如给予褪黑素可使生长激素的释放明显增加）。此外，新近发现，褪黑素亦可影响机体昼夜节律，可用于帮助克服时差。

（3）睡眠内稳态调节及其生理机制：睡眠内稳态过程是指随着人觉醒时间的延长，睡眠需要量不断增加，机体主动进入睡眠状态。睡眠内稳态是人体所需要的，它取决于先前的觉醒时间与睡眠时间。即睡眠需要在觉醒时增加，在睡眠时消失，从而使机体保持稳定状态。这种调节使得睡眠的数量和深度与之前的觉醒保持平衡，之前的睡眠缺失可以通过延长以后的睡眠时间来弥补，也可通过强化慢波睡眠弥补。

研究表明，腺苷、前列腺素、细胞因子等 20 多种内源性物质可促进睡眠，其中，腺苷和前列腺素的促睡眠作用最强。

1）腺苷：腺苷（adenosine）是广泛存在于中枢神经系统的一种小分子物质，属于中枢抑制性递质,具有强烈抑制胆碱能和谷氨酸能神经元的功能。觉醒时脑内腺苷浓度逐渐升高,可以激活促睡眠神经元。睡眠过程中,脑内腺苷浓度下降,觉醒过程逐渐发生。

2)前列腺素 D_2:前列腺素 D_2(prostaglandin D_2,PGD_2)是由位于大脑蛛网膜和脉络膜上的 PGD 合酶作用下生成的二十碳不饱和脂肪酸。PGD_2 是重要的睡眠调节物质之一,PGD_2 通过与前列腺素 D_2 受体结合,升高基底前脑胞外腺苷水平,通过腺苷 $A_{2A}R$ 介导可能将促睡眠信号传入 VLPO,抑制下丘脑 TMB 觉醒神经元活性,进而诱发睡眠。

(4)睡眠和觉醒有关的神经递质和调质

1)增食因子(orexins)及其受体的作用:orexins 是生物学作用下广泛的下丘脑调节肽。除目前已知它在摄食和能量平衡网络中发挥重要作用外,还发现中枢 orexins 的大幅度降低是嗜睡症的重要标志,随着 orexins 的生成减少,嗜睡的症状加重。人脑 orexins 神经元分布类似大鼠,分布在穹隆周核,下丘脑的背、外、后侧,及下丘脑 - 丘脑边缘区。orexins 神经元在脑内分布相对集中,但其纤维的投射区域广泛,在基底前脑、视前区、丘脑室旁核、中央灰质、蓝斑区和松果体复合体等区域均可发现 orexins 神经元的投射纤维。

2)5- 羟色胺(5-hydroxytryptamine,5-HT):人体内有 1%~2% 的 5-HT 分布在中枢神经系统,其神经元胞体大部分位于延髓、脑桥和中脑的中缝核群。少部分散布于脑干其他区域。费希尔曾经使用 5-HT 的前体物质 5- 羟色氨酸(5-hydroxytrypto-phan,5-HTP)治疗失眠,使症状得到一定程度的改善,证明 5-HT 是引起睡眠的重要化学物质。

3)去甲肾上腺素(norepinephrine,NE):蓝斑核是控制觉醒的主要部位。它通过 NE 和多巴胺两种神经递质来维持觉醒状态。蓝斑核的前、后端作用正好相反,前端是维持觉醒的部位,而后端却是产生 REM 的主要部位,被认为是 REM 睡眠的"执行机制"。大量实验表明:蓝斑核头部 NE 递质系统与脑电觉醒维持有关,但在脑电觉醒中蓝斑核的 NE 系统起的作用是短暂的,当破坏 NE 系统后大脑皮质紧张性维持不住。另外,脑内 NE 能神经元可抑制中缝核内 5-HT 能神经元,从而影响 NREM 睡眠。此外,作为儿茶酚胺类递质的一种,肾上腺素也通过其他单胺类递质间接参与到睡眠与觉醒的调节中去。

4)多巴胺(DA):在动物的觉醒中 DA 也起着重要作用。觉醒主要是通过强化突触间的 DA 传递,易化突触后的 DA 受体功能而产生。DA 神经元胞体在脑内尾核、壳核含量最高。中脑腹侧被盖区(VTA)存在大量的 DA 神经元,其纤维除投射到纹状体、边缘系统、大脑皮质外,还与视前区、蓝斑、中缝核等与睡眠 - 觉醒有关的神经结构有着广泛的联系。DA 受体(R)有五种亚型,脑内最主要的受体是 DIR 和 DZR。DA 系统功能异常所致疾病常伴有严重的睡眠障碍,临床统计 98% 的帕金森病患者、精神病患者出现睡眠异常。基础研究发现,大脑皮质 DA 的释放量与觉醒水平有明显的相关性;但脑内 DA 能神经元的放电频率不随睡眠 - 觉醒周期而变化。

5)乙酰胆碱(acetylcholine,ACh):在唤醒机制中 ACh 是一种很重要的神经递质,尤其是在皮质唤醒中起重要作用。中枢中存在两组 ACh 能神经元:一组位于脑桥内,一组位于基底前脑内。当两组 ACh 能神经元接受刺激时,它们会产生激活和皮质的去同步化。不同部位的 ACh 在睡眠与觉醒的调节中作用不同:中缝核头部的 5-HT 能神经元参与产生和维持 NREM 睡眠,而蓝斑核尾部的 NE 神经元及低位脑干被盖部的 ACh 能神经元,则在中缝核尾部 5-HT 能神经元的触发下,产生 REM 睡眠。这三种神经递质的交互作用导致觉醒与睡眠及 NREM 睡眠与 REM 睡眠的周期性变化。

6)组胺:一般认为,组胺和其他神经递质一样,首先和靶细胞上特异性受体结合,从而改变细胞的兴奋性而发挥广泛的生理作用。目前已发现组胺受体有H1、H2、H3及H4四个受体亚型,从分子、突触、行为水平介导组胺的活动。其中H1受体(H1R)发现最早,分布最广。H1R广泛分布于中枢神经系统,特别是在具有唤醒功能的区域,例如,丘脑、皮质、胆碱能细胞丛、蓝斑、脊髓的H1R水平很高;而在边缘系统,如下丘脑核、中隔核、中杏仁核、部分海马区域,H1R密度较高;此外伏核(小脑的分子层)、颅神经核、最后区和孤束核H1R密度也较高。

7)γ-氨基丁酸(gamma-aminobutyric acid, GABA):GABA广泛分布于中枢神经系统和外周神经系统,是一种抑制性神经递质。脑组织中GABA的含量最高,为0.1~0.6mg/g,且各部位浓度不同。它对哺乳动物中枢神经系统具有普遍的抑制作用。在睡眠-觉醒节律调节机制中发挥重要作用。GABA与褪黑素联合应用后,褪黑素的催眠作用明显增强,提示褪黑素的催眠作用可能有GABA受体的参与。

8)谷氨酸(glutamine glutaminic acid, Glu):谷氨酸是一种兴奋性氨基酸,通过激活N-甲基-D-天冬氨酸型(N-methyl-D-aspartate, NMDA)受体选择性兴奋神经元胞体。桂丽等研究发现:向大鼠脑外侧缰核团内注射L-谷氨酸(L-Glu),可引起觉醒减少,NREM睡眠增加,而电损伤缰核后,觉醒增加,NREM睡眠无明显变化,结果提示,缰核内Glu减少,可能是失眠的原因之一。王升旭等的工作结果表明,大鼠经过96h REM睡眠剥夺后,GABA/GLu比值在3个脑区(额叶皮质、脑干、下丘脑)均显著增高,GLu含量在脑干、下丘脑区有增高趋势,在额叶皮质则变化不明显,结果提示Glu在脑干、下丘脑含量的增多,可能是失眠的原因。从而证实了脑内不同部位的Glu在睡眠-觉醒中发挥的作用可能截然相反。

6. **睡眠障碍** 人的一生中约有1/3的时间花在睡眠上,睡眠障碍会对个体的生活质量产生重要影响,同时也影响其在觉醒状态下的感知方式。

(1)失眠

1)失眠的定义:失眠(insomnia)是临床最常见的睡眠障碍,其主要表现为难以入睡、熟睡、维持困难和醒后不能恢复精力,从而影响白天的工作和生活,并增加事故和差错的发生率,长期慢性失眠还可能并发抑郁性情感障碍或导致躯体疾病等。ICD-10中对失眠定义是:①有入睡困难、保持睡眠障碍或睡眠后没有恢复感;②至少3次/w并持续至少1个月;③睡眠障碍导致明显的不适或影响了日常生活;④没有神经、精神系统或其他系统疾病、使用精神药物或其他药物等因素导致失眠。

2)失眠的分类:根据失眠的具体表现症状,可分为三种类型:入睡困难型(onset insomnia)、保持睡眠困难型(maintenance insomnia)和早醒型(termination insomnia)。根据引起失眠的原因,可以分为内源性和外源性。其中内源性失眠包括心理生理性失眠、主观性失眠、特发性失眠等;外源性失眠包括睡眠卫生不良性失眠、环境性睡眠障碍、高原性失眠等。

3)失眠的诊断和治疗:失眠必须根据个体的睡眠需要和主观体验来下诊断。面对确诊为失眠的患者,应当首先确定失眠的原因,对患者进行详细的体格检查和精神检查;要求患者完成2周的睡眠日记,以评估睡眠问题(包括就寝的时间、起床时间、就餐时间及数量、饮酒、锻炼、用药情况、每天的睡眠持续时间和质量等);指导患者填写睡眠量表,以评估失眠的程度;治疗引起失眠的躯体疾病或精神疾病,重视睡眠卫生和心理行为的改善。失眠的药物治疗目前常用的药物有镇静催眠药(包括巴比妥类、苯二氮䓬类和非典型苯二氮䓬类)、抗抑郁药、抗组胺药（目前已极少用作催眠）和中药，这些药物的作用原理是通过快速诱导入睡、延长总睡眠时间或深度睡眠过程来达到治疗失眠的效果。失眠的非药物治疗能够避免药物的不良反应和药物依赖性与滥用问题。目前常用的方法有：睡眠教育、睡眠卫生教育、认知治疗、行为治疗、时相治疗、光照治疗等。

（2）睡行症

1）睡行症的定义：睡行症（sleep walking, somnambulism）是指在睡眠中起床行走或做一些简单活动的睡眠和清醒的混合状态。

2）睡行症的临床表现：睡行症通常发生在初入睡的2~3h内。出现于NREM睡眠，最常发生在睡眠的前1/3或NREM睡眠增多的其他时间。患者可从床上坐起并不下地，目光呆滞，做一些刻板而无目的的动作，持续数分钟后自行躺下，继续睡眠，偶有缓慢起床后，不停地往返徘徊，又复上床睡眠。如睡眠剥夺后，患者的活动可自行终止，重新回到床上躺下，也可无目的地游走在比较远的地方，然后在某处席地而卧，次日醒来对于自己身处异地惊诧不已。在受到限制时可有狂暴的冲动、逃跑或攻击行为。

3）睡行症的病因与发病机制：①遗传因素：儿童期睡行症约1/5的患者有阳性家族史。②内分泌因素：少数患者发病与月经周期有关，与经前嗜睡或失眠以及月经期或停经期失眠，共同构成"经期睡眠障碍症"，妊娠期病情可能加重，提示内分泌因素与发病有一定关系。患本病的儿童在成年后多可自愈，故本病与大脑成熟较迟也可能有关。③心理因素：不同气质类型的人对睡行症的易感性不同，心理因素与本病的关系相当密切，部分患者可因环境压力大，伴有焦虑、抑郁时睡眠结构发生变化，出现睡行症。④其他因素：成人酗酒、过度疲劳、情绪紧张、睡眠不足或不规律以及饮用含咖啡因饮料等因素，都可使睡行症的发作频率增加。另外，膀胱充盈等内部刺激或噪声等外部刺激也可诱发睡行症。

4）睡行症的治疗：睡行症的治疗应当：①寻找该症状产生的原因，设法使患者获得充分的睡眠时间，创设良好的睡眠环境，减少不良因素的干扰。②在睡行症发作期间，不要试图唤醒患者，应注意加强保护，防止危险与伤害。睡行症的药物治疗目前常用的有苯二氮䓬类药物和抗抑郁药。睡行症的心理治疗可采用自我催眠疗法和放松练习，有助于缓解症状。

（3）梦魇

1）梦魇的定义：梦魇（nightmare）是指个体在睡眠中猛然被噩梦惊醒，从而引起恐惧不安、心有余悸的睡眠状态。本病可以发生于儿童会走路后的任何年龄，但是以3~5岁的儿童发生率最高。

2）梦魇的临床表现：梦魇出现于快速眼动睡眠期，一般发生于睡眠的后半夜，患者从噩梦中惊醒过来并能够迅速恢复定向力，意识完全清醒，能详细、清晰地回忆起梦境的可怕内容，并感到异常痛苦。梦境的内容大多与个体的生存、安全和自尊等受到威胁有关。

3）梦魇的治疗：梦魇通常不需要治疗，对频繁发作者，应仔细查明原因。梦魇的心理治疗有助于提高心理承受力，通过与患者讨论和解释梦境及内容，可使其症状明显改善或消失。梦魇的药物治疗目前常用的药物有丙咪嗪，通过三环类抗抑郁剂阿米替林等缩短REM睡眠时间，能减少发作；巴比妥类、氯丙嗪等也可选用，长期发生梦魇的患者需作相应的精神科治疗。

（4）夜惊症

1）夜惊症的定义：夜惊症（night terrors）是指在睡眠过程中出现极度恐惧、惊恐的状态，通常伴随有强烈的语言、运动形式和自主神经系统的高度兴奋。

2）夜惊症的临床表现：夜惊症发作于 NREM 的第Ⅲ～Ⅳ期，多见于 4~12 岁的儿童，大多在青春期后渐趋停止。患者在睡眠中突然从床上坐起来，尖叫、哭喊，双目紧闭或瞪目直视，表情惊恐，挥舞双臂。同时患者还会出现心跳加快、呼吸急促、皮肤潮红、出汗、瞳孔散大等自主神经的症状。每次发作时间 1~10min，发作时意识模糊，然后再次入睡。次日醒来，无法回忆当时发作的情境。

3）夜惊症的病因与发病机制：①遗传因素：夜惊症患者约 1/2 有家族史，这种儿童在心理因素和环境因素作用下较易发作。②心理因素：强烈、刺激性的事件容易使患者发生夜惊。夜惊发作的严重程度和频率与儿童的年龄、性格有关，多数情况下年幼、敏感、胆小的儿童容易发生。

4）夜惊症的治疗：夜惊症的药物治疗：苯二氮䓬类药物可控制临床发作，减少频繁发作对患者睡眠质量的影响。夜惊症的心理治疗：通过认知行为疗法，解除心理原因，缓解心理紧张，睡觉前避免造成恐惧和不安的情绪。

（三）本章小结

本章首先介绍了睡眠周期的特点，简要阐述了梦的性质及其理论解释；对觉醒的生理机制、睡眠的生理机制与生理作用作了简单阐述；对觉醒与睡眠发生系统的调节即昼夜节律及其调节的生理机制、睡眠内稳态调节及其生理机制以及睡眠和觉醒有关的神经递质和调质都进行了阐明；最后对睡眠障碍的性质、原因及治疗方法等进行了介绍。

二、复习题

（一）单选题

1. 最主要的昼夜节律起搏器，并被冠以"昼夜节律生物钟"之称，参与控制睡眠 - 觉醒周期等多种节律性活动的是

　　A. 松果体　　　　　　　　　　　　B. 视交叉上核

　　C. 蓝斑核　　　　　　　　　　　　D. 海马

2. 功能广泛，包括昼夜节律功能以及影响脑的神经递质代谢、体温调节、运动活动、喂养行为及睡眠。此外，还可引起体重的季节性变化、皮毛的颜色以及生殖行为的是

　　A. 去甲肾上腺素　　　　　　　　　B. 多巴胺

　　C. 褪黑素　　　　　　　　　　　　D. 5- 羟色胺

3. 维持觉醒状态的是

　　A. 丘脑　　　　　　　　　　　　　B. 下丘脑

　　C. 中脑　　　　　　　　　　　　　D. 脑干上行网状激动系统

4. 在摄食和能量平衡网络中发挥重要作用，大幅度降低是嗜睡症的重要标志，随着生成减少嗜睡的症状加重的是

　　A. 增食因子　　　　　　　　　　　B. 腺苷

　　C. 褪黑素　　　　　　　　　　　　D. 组胺

5. K-复合波是一种尖锐的高振幅波，在睡眠的其他阶段，突然发生的刺激也能引发 K-复合波，但它们在 NREM 阶段哪一期睡眠最常见

　　A. Ⅰ期　　　　　　　　　　　　　B. Ⅱ期

　　C. Ⅲ期　　　　　　　　　　　　　D. Ⅳ期

（二）名词解释

1. 睡行症

2. 失眠

3. NREM 睡眠

4. REM 睡眠

（三）问答题

1. 简述 REM 睡眠与 NREM 睡眠的比较。

2. 简述 REM 睡眠的生理作用。

三、参考答案

（一）单选题

1. B　　2. C　　3. D　　4. A　　5. B

（二）名词解释

1. 睡行症：又称梦游症或夜游症，是指在睡眠中起床行走或做一些简单活动的睡眠和清醒的混合状态。

2. 失眠：有入睡困难、保持睡眠障碍或睡眠后没有恢复感；至少 3 次 /w 并持续至少 1 个月；睡眠障碍导致明显的不适或影响了日常生活；没有神经、精神系统或其他系统疾病、使用精神药物或其他药物等因素导致失眠。

3. NREM 睡眠：又称同步化睡眠（synchronized sleep）、正相睡眠（orthodox sleep）及非快速眼动睡眠等。此阶段的特点为全身代谢减慢，脑血流量减少，呼吸平稳，心率减慢，血压下降，体温降低，全身感觉功能减退，肌肉张力降低（仍然能够保持一定姿势），无明显的眼球运动等。

4. REM 睡眠：又称为快波睡眠（fast wave sleep，FWS）或异相睡眠（paradoxical sleep）、去同步化睡眠（desynchronized sleep），或布雷姆现象。此阶段 δ 波明显减少，有 θ 波，有时还有一些 α 波。这一时期占总睡眠时间的 20%~50%，每夜出现 4~6 次的循环，在第一次循环中，REM 睡眠大约持续 10min，而在往后的循环中，REM 可持续 1h。最后一次 REM 睡眠时间最长，睡眠最深，唤醒阈也最高。

（三）问答题

1. 简述 REM 睡眠与 NREM 睡眠的比较。

答：REM 睡眠与 NREM 睡眠的比较见表 13-1。

表 13-1　REM 睡眠与 NREM 睡眠的比较

	REM 睡眠	NREM 睡眠
唤醒阈	较高	较低
肌张力及姿势调整	肌张力较高	肌松弛，约 20min 调整一次姿势
自然清醒	较频繁	不频繁
梦	85%	15%
记住梦内容可能性	大	小，NREM 开始 8min 后记住梦的可能性为零

续表

	REM 睡眠	NREM 睡眠
梦的性质	64% 较悲伤、恐怖或愤怒，18% 较快乐或兴奋	较平和、愉快，较模糊，很难记住内容
梦出现时间	入睡后 80min 以上	入睡后即开始
梦多见于	睡眠的前 1/3	睡眠的后 1/3
梦占睡眠的时间	20%~25%	75%~80%

2. 简述 REM 睡眠的生理作用。

答：（1）REM 是婴儿中枢神经系统发育的决定性阶段，激活大脑皮质接受感觉刺激，帮助新生儿最佳地获得新的运动和知觉技能。同时对婴儿发育的关键时期神经细胞的成熟也起着非常重要的作用。

（2）REM 睡眠和记忆：从 REM 睡眠中被唤醒的人，74%~95% 的受试者诉说正在做梦，而从 NREM 睡眠中被唤醒的人只有少数（7%）能回忆起梦境，设想 REM 睡眠可能与脑内信息的整理、储存有关。

（3）REM 睡眠与内分泌：睡眠对内分泌系统产生重要的调节性作用。睡眠质量的变化与内分泌功能和代谢的紊乱有关，睡眠紊乱引起或加重代谢综合征。

（4）REM 睡眠与免疫：剥夺睡眠后机体更容易受到感染的侵害，尤其是病毒感染，如感冒和流感。反之，感染导致人和动物嗜睡。动物实验表明，感染后发生 NREM 睡眠的动物比没能显示出 NREM 睡眠的动物更容易存活。提示睡眠治疗能提高机体的免疫力。

（5）REM 睡眠期丧失对体温的调节功能：当室温升高或降低到临界点，只有在醒来以后，其体温调节机制才开始起作用。说明在 REM 睡眠期间视前区下丘脑（POAH）体温调节中枢的温度敏感神经元处于关闭状态，不能感受外周温度变化的信息，而使体温调节中枢处于停滞状态。

（6）REM 睡眠与脑血管等疾病的关系：在 REM 睡眠中，下丘脑 - 垂体 - 肾上腺轴和交感神经功能也异常活跃，24h 尿中游离皮质激素和儿茶酚胺等各种代谢产物的含量与 REM 睡眠所占比例呈明显正相关。

（7）REM 睡眠与阴茎勃起：REM 睡眠期支配阴茎的勃起神经会兴奋而使阴茎出现自发性勃起，持续 30~60min。一夜之间，阴茎可在无意识的状态下发生勃起达 3~5 次之多，每次勃起持续时间可长达 1h 左右。

（8）REM 睡眠与做梦：大量研究发现，REM 睡眠与梦境有关。

（廖美玲）

第十四章　性的生理心理

一、教材精要

(一)内容简介

本章介绍了动物和人的性行为特点、性行为的激素神经调控机制、性发育和性取向的生理心理,并介绍了一些常见的性行为障碍。

(二)教材知识点

1. 性行为概述

(1)动物的性行为及性心理特点:动物的性行为缺乏主动性和自觉性,受季节和性周期的限制;动物的性心理停留在较为低级的阶段,主要是感觉阶段;越是高等动物,其性行为受心理与环境因素的影响就越明显。

(2)人类的性反应周期:美国的马斯特斯和约翰逊夫妇在科学实验基础上指出人类的性反应的典型模式,即从性兴奋开始到重新恢复到原有的状态,在生理和心理上存在着四个明显可分的时期,这就是兴奋期、平台期、高潮期和消退期,这个周期称为人类的性反应周期。

1)兴奋期:兴奋期是指唤起性欲的时期,身体开始呈现紧张,时间可由几分钟至几小时,一般女性长于男性。此期的重要特征是盆腔区域充血,男性阴茎勃起;女性阴蒂膨胀及阴道内充血、阴道内 2/3 部分扩张,阴道上皮在性兴奋时有液体渗出,起润滑作用,是性唤起的重要指标。

2)平台期:平台期是指在性高潮到来前,性的紧张度维持在一个较稳定的水平阶段,历时 0.5~3min,出现全身肌肉紧张度增加,心率、呼吸、血压快速增加。男性阴茎增大,尿道口有少量黏液;女性阴道壁渗液增加、小阴唇明显充血胀大,阴道外 1/3 段肿胀使得阴道口变窄、乳房膨胀等。

3)高潮期:高潮期指男女双方性紧张状态突然达到一个高峰,伴随着积累的紧张状态部分或全部获得释放带来的波浪式的欣快感觉,历时不到 1min。男性性高潮的最明显表现为射精。女性性高潮是以子宫、阴道下 1/3 肌肉、会阴肌肉和肛门括约肌同时节律性收缩为特征,收缩间隔时间约 0.8s。男性性高潮是附性器官收缩引起的主观感觉,大致发生在射精前数秒钟期间,是由于精液积聚引起尿道球部节律性收缩所产生的欣快感。女性性高潮的引起,可能是阴道极度充血引起的内感受性传入。高潮体验有个体差异。

4)消退期:消退期是身体的紧张状态逐渐松弛和消散过程,男女双方主观上都有一种欣快、舒适、满意和轻松感,10~15min 或更长。至此已完成一个性反应周期。多数男性在射精后,进入不应期,不应期时间因人因年龄而异,可持续几分钟直至若干小时不等;如再度性刺激,女性仍可出现性高潮。

（3）卡普兰的性反应三分期模型:卡普兰从性功能障碍的临床角度提出性反应的三分期模型,包括欲望期、兴奋期和高潮期。第一阶段是性需求(欲望期),第二阶段是以副交感神经兴奋为主的生殖器充血(兴奋期),第三阶段是以交感神经兴奋为主的性高潮时的生理活动(高潮期)。卡普兰的分期更为重视人类性反应的感情因素。

（4）人类的性行为及性心理特点:基本感觉的影响;情绪和动机的调节控制;人格特征的影响;记忆和思维的影响。

2. 性行为的生理机制

（1）与性相关的重要激素及功能(见教材表 14-1 与性相关的重要激素及功能)。

（2）性激素的主要生理作用:促进性器官发育,维持其成熟状态;促进第二性征出现;激发性欲,维持性功能;促进人体的新陈代谢。

（3）性激素的组织化作用和激活作用:性激素对性行为的影响发生在两个层次上,第一个层次是性激素的组织化作用,指在生命发育早期特殊的敏感阶段(特别是胚胎的前 3 个月),性激素作用于性腺、大脑(特别是下丘脑)和生殖器官,使其发育成为男性抑或是女性的特点。性激素的组织化作用还表现在青春期第二性征形成期。第二个层次是性激素的激活作用,指性激素在促进性别分化,影响中枢神经系统结构组织和第二性征的形成之后,仍然对性行为的发生和维持起到持续的激活作用。在生命的早期,主要发挥的是组织化作用,其影响一般是长期而持久的。而激活作用比较短暂而可逆,仅在激素快速增加或下降时,影响性驱动的程度。性激素的激活作用还可影响情绪的唤起,攻击性行为,学习和认知等。通过双重影响,性激素首先作用于性腺、大脑(特别是下丘脑)和生殖器官,然后激活和维持性功能。

（4）性激素的组织化作用体现在:发育过程中睾酮的水平对性器官的分化具有重要作用。性激素影响性别发育的开始。

1）性腺的分化:男性胎儿 Y 染色体短臂上的睾丸决定因子(TDF)使未分化的性腺发育成睾丸,编码 TDF 的基因为 *SRY* 基因。在胚胎第 6~7 周时,*SRY* 基因开始表达,启动睾丸的发育。而在女性无 *SRY* 基因,性腺原基便发育为卵巢。TDF 作为性发育的"总开关",可决定其他与性发育相关的基因能否启用。

2）生殖管的分化:无论男女胚胎,在未分化阶段都同样具有两套原始生殖管道,即沃尔夫管和缪勒管。生殖管向男性或女性方向发展主要取决于这一时期的睾酮水平。在胚胎发育的第 12 周前后,睾丸间质细胞分泌睾酮,促进睾丸的进一步发育,同时促使沃尔夫管发育成为附睾、精囊和输精管,睾丸支持细胞同时分泌缪勒管抑制激素(MIH),抑制缪勒管的发育。而具有 XX 性染色体的雌性胚胎则无睾丸发育,同样由于没有睾丸分泌的 MIH,缪勒管得以自然分化、发育成为输卵管、子宫和阴道,而沃尔夫管系统退化。

3）外生殖器的分化:在胚胎发育的第 8 周左右,形成中性的外生殖原基初阴。初阴由生殖结节、生殖隆突、尿道沟以及尿道襞组成。男女两性的外生殖器最初在外观上完全相同。若睾酮存在,并且通过类固醇 5α 还原酶转化为二氢睾酮的水平足够高,则初阴向男性方向发展,生殖结节发育成阴茎,生殖隆突发育成阴囊,尿道襞由尿道沟后端逐渐向阴茎头融合,表面留有融合的痕迹及阴茎线。若无睾酮存在或二氢睾酮的水平过低,则发育成女性的外生殖器,生殖结节发育成阴蒂,生殖隆突发育成大阴唇,尿道襞不融合,发育成小阴唇,尿道沟与尿道窦共同形成阴道前庭。在胚胎发育的第 13 周左右,男女外生殖器已发育定型。

4）神经系统发育：生命早期性激素水平不仅会影响内外生殖器官的发育，还会对下丘脑、杏仁核和其他脑区等神经系统的发育产生组织化作用，使成年个体能在合适的性激素作用下产生恰当的性行为。例如位于下丘脑视前区的性二型核（SDN），与男性性行为控制有关，男性大于女性的性别差异，与早期雄激素的刺激有直接关系。

（5）性激素的激活作用：雌性性行为与卵巢激素有关，排卵时动物"发情"，摘除卵巢可以抑制性欲，重新给予雌性激素可以恢复性欲。同时给予孕激素和雌激素是雌性动物性行为最有效的刺激方式。由于雌性激素的分泌是周期性的，雌性动物的"发情"也是周期性的。雄性的性反应依赖于睾酮水平。性激素能否激活性行为，在很大程度上取决于脑在发育时期的组织化作用。性激素对性行为激活的机制首先表现在对感觉的增强方面。另外，性激素还可以结合到大脑中与性行为有关的脑区神经核上的受体（特别是下丘脑），使神经元活动性增加，有利于性行为。下丘脑内侧视前区（MPOA）是受性激素影响最大的重要神经核团。性行为时，大鼠MPOA神经元释放多巴胺的浓度增加。

（6）激素与抚育行为：相当多的动物都有照料后代的行为。这种行为包括筑巢、哺育和保卫等。通常雌性负责的行为更多一些，因此被称为母性行为，如果双亲都参加照料幼仔的行为，则称为父母行为。母性行为的关键神经通路是从下丘脑内侧视前区（MPOA）到中脑的腹侧被盖区（VTA），损毁此通路可阻断母性行为，筑巢及护仔行为消失，母亲会忽略幼仔。MPOA的雌激素受体是雌激素影响母性行为的作用部位。在孕晚期，大脑中负责抚育行为的脑区对雌激素的敏感性会增加。在幼仔出生以后，所有的物种母性一方都会出现对幼仔的关注，与催乳素及催产素的水平突然增加有关。这些激素激活MPOA区和下丘脑前部（AH），破坏这些区域可以使大鼠的母性行为消失。激素水平逐渐开始下降之后，母鼠对幼鼠的熟悉性也可维持母性行为。当雌鼠临近分娩时，睾酮、催乳素、垂体加压素对雄性产生父母行为非常重要。

（7）中枢神经系统的作用：性行为的脑内调控系统是非常复杂的，下丘脑、杏仁核、隔核、扣带回、海马、前脑内侧束、间脑、下位脑干、脊髓以及大脑皮质等都参与性行为的调节。

1）下丘脑：下丘脑内侧视前区（MPOA）是控制雄性动物性行为的重要脑区，雄激素受体高度集中，对雄激素作用十分敏感。雄性动物的MPOA明显较雌性的大。位于MPOA内的性二态核大小和神经细胞的数量存在明显的两性差异。下丘脑腹内侧核（VMN）是控制雌性动物性行为的重要脑区。VMN有密集的雌激素、孕激素受体，刺激VMN可引起雌性动物曲背等性接受行为。

2）杏仁核及其他脑区：杏仁核能够从鼻腔犁鼻器接收嗅觉信息，借此探测同类动物释放的影响性行为的化学物质——外激素；刺激人的隔核，会使人对性的兴趣增高，同时产生快感；大脑皮质损伤（尤其是大脑运动区）对雄性性行为影响较大，颞叶皮质可能对性对象的识别和选择起关键作用；前脑内侧束破坏或将MPOA区出发传向前脑内侧束的传导径路切断后，大鼠的性行为完全消失。性行为的基本反射是由脊髓控制的。刺激动物的生殖器可以引起勃起、骨盆抽动和射精等性反应，甚至在大脑与脊髓失去联系时性反应也会出现。位于脊髓腰段的球海绵体肌核负责雄鼠在性交时的阴茎反射。

3. 性发育和性取向的生理心理

（1）性别认同和性别角色的定义：性别认同是指在自我意识和行为等方面对自己的男

性、女性或性别矛盾身份持有的同一性、整体性和持续性。性别角色是指一个人说的和做的每一件事暗示其他人自己是男性、女性或男女性别矛盾的程度，它包括但并不局限于性欲和性反应。性别认同和性别角色是同一根本实体的两面，性别认同是性别角色的个人体验，性别角色是性别认同的公共表达。影响性别认同的确切生物学机制目前仍然不太清楚，基因、激素等生物学的因素相比较养育方式、家庭教育等社会文化因素，较为肯定地影响了人类的性别认同。

（2）性发育的变异：同时具有雌雄两性生殖器的人称为雌雄同体。在发育的敏感时期，女性胚胎或她的母体中肾上腺分泌过量的睾酮和其他雄性激素，或者母体接受一种类似睾酮作用的抗流产药物治疗后，由于胎盘中缺乏将睾酮转化为雌二醇的酶，这样就造成女性胚胎暴露于过量的睾酮和其他雄性激素之中，可能导致女性的外生殖器部分男性化。较多见的情况是先天性肾上腺增生。基因男性者发生 MIH 的受体缺陷时，由于雄激素有男性化作用，而去雌性化作用却不能发生，这些个体有男、女两套内生殖器官，附属的女性内部性器官存在，常干扰男性性器官的正常功能，这种情况十分罕见（假雌雄同体）。睾丸女性化又称雄激素不敏感综合征，个体具有典型的 XY 染色体，体内同样具有睾酮和其他男性激素，由于基因突变阻碍功能性雄激素受体的形成，阻止了雄激素的男性化效应。

（3）性取向

1）遗传因素：遗传因素对同性恋的发生起非常重要的作用。遗传基因影响性取向可能直接通过影响与性取向有关的脑结构而发挥作用，也有可能影响个体外形发育或个体的经验来间接发挥影响。

2）产前环境因素：围生期雄激素水平对成年的性取向有一定影响。雄性动物在胚胎早期予以低于正常水平的睾酮环境，可以导致其成年以后出现类似雌性的性行为；而雌性动物在其胚胎早期予以高于正常水平的睾酮环境，可以导致其成年以后出现类似雄性的性行为。过度的产前压力使得母体产生大量的内啡肽，它可以穿过胎盘到达接近成熟雄性胎儿的大脑，而内啡肽阻抗睾酮对下丘脑的效应。母亲的免疫系统可能在孕期发挥效应。

3）脑结构的因素：男同性恋者在一些脑结构上甚至左右半脑的对称性上与女性异性恋相仿，女同性恋的大脑也在某些方式上向男性靠拢。男同性恋的下丘脑视交叉上核（SCN）比异性恋的大且长，下丘脑视前区的间质核（INAH-3）比男异性恋小，与异性恋女性差不多。男性同性恋者的前联合体积大于男异性恋，和正常的女性差不多，甚至更大。男同性恋者与异性恋者在性以外的行为方面也有明显差异。

4. 性行为障碍　性行为障碍主要包括对自身性别身份不能认同的性别焦虑和通过异常的活动偏好及异常的目标偏好激起个体强烈性唤起的性欲倒错障碍。

性别焦虑又称性身份识别障碍、性身份障碍、易性症，是指个体生物学上性器官发育正常，而具有一种强烈而持久的交换性别的身份认识（不仅仅是想以作为另一性别而获得社会文化上的好处的这种欲望），为自己的性别感到持久的不舒服，或者认为自己目前的性别角色很不合适，产生了临床上明显的痛苦烦恼，或在社交、职业、或其他重要功能方面的功能缺损。

性欲倒错障碍特指除了与正常、生理成熟、事先征得同意的人类性伴侣进行性活动之外的其他强烈和持续的性兴趣，主要包括窥阴障碍、露阴障碍、摩擦障碍、性受虐障碍、性施虐障碍、恋童障碍、恋物障碍和易装障碍，而不包括少数性取向（如同性恋或双性恋）。此类疾病可大致分为两组，即异常的活动偏好及异常的目标偏好。

（三）本章小结

本章介绍了性的生理心理的相关知识，尤其对人类和动物性行为的激素调控机制和脑机制、性别认同与性发育的变异、性取向的生理心理机制进行了重点介绍，希望能够加深对性行为以及性发育和性取向的相关知识的了解，对性的生理心理相关研究产生兴趣。

二、复习题

（一）单选题

1. 收集了美国各地各色人种的 16 000 份性史，开展了广泛的性行为的调查研究，出版了《人类男性的性行为》和《人类女性的性行为》的美国生物学教授是

  A. 华生   B. 马斯特斯

  C. 金赛   D. 约翰逊

2. 卡普兰（Kaplan）从性功能障碍的临床角度提出需要重视人类性反应的感情因素的性反应模型是

  A. 二分期模型   B. 三分期模型

  C. 四分期模型   D. 五分期模型

3. 感觉对人类性行为非常重要，一般来说，最基本、最重要的方式是

  A. 味觉   B. 嗅觉

  C. 听觉   D. 触觉

4. 人类胚胎发育过程中，对性器官的分化具有重要作用的是

  A. 雌激素   B. 睾酮

  C. 黄体酮   D. 缩宫素

5. 啮齿动物的睾酮对下丘脑和其他器官发挥雄性化作用是通过

  A. 黄体酮   B. 雌二醇

  C. 缩宫素   D. 催乳素

6. 在性激素对性行为激活作用的机制中，起关键作用的是

  A. 多巴胺   B. 去甲肾上腺素

  C. 乙酰胆碱   D. 谷氨酸

7. 性激素的组织化作用**不包括**

  A. 性腺的分化   B. 生殖管的分化

  C. 外生殖器的分化   D. 循环系统的分化

8. 性激素的组织化作用和激活作用的主要区别

  A. 组织化作用影响一般是长期而持久的，而激活作用比较短暂

  B. 组织化作用影响一般是兴奋的，而激活作用是抑制的

  C. 组织化作用改变脑活动，而激活作用改变身体其他部位

  D. 组织化作用依赖雌激素，而激活作用依赖雄激素

9. 下列描述**错误**的是

  A. 母性行为的开始是和激素有密切关系的

  B. 使母性行为持续下去的重要因素是母鼠对幼鼠的熟悉性

  C. 垂体加压素对雄性产生父母行为非常重要

  D. 幼鼠的气味刺激母鼠的嗅觉器官，产生信息激素引发母性行为

10. 下列表述**错误**的是
　　A. 性别角色是指性别不同的个体，行为方式及特性被社会视为符合某种性别
　　B. 性别角色的形成与社会文化和个人的成长过程有关
　　C. 性别认同与性别角色不相关
　　D. 性别认同会在很大程度上与性别角色相关，但并不完全等同于性别角色

11. **没有**直接参与雄鼠对子鼠的父母行为的激素是
　　A. 雌激素　　　　　　　　　　　　B. 睾酮
　　C. 催乳素　　　　　　　　　　　　D. 垂体加压素

12. 最早被发现同、异性恋之间存在差异的核团是
　　A. 大脑前联合　　　　　　　　　　B. 语言功能区
　　C. 间质核　　　　　　　　　　　　D. 下丘脑视交叉上核

13. 控制雄性动物性行为的重要脑区是
　　A. 下丘脑腹内侧核　　　　　　　　B. 下丘脑内侧视前区
　　C. 下丘脑前部间质核　　　　　　　D. 杏仁核

14. 可导致先天性肾上腺增生的是
　　A. 5α还原酶2基因缺陷
　　B. 功能性雄激素受体形成受阻
　　C. 缪勒管抑制激素的受体缺陷
　　D. 女性胚胎暴露于过量的睾酮和其他雄性激素

15. 先天性肾上腺增生女孩由于基因的限制，皮质醇和睾酮水平特点
　　A. 皮质醇水平低于平均，睾酮水平低于平均
　　B. 皮质醇水平低于平均，睾酮水平高于平均
　　C. 皮质醇水平高于平均，睾酮水平低于平均
　　D. 皮质醇水平高于平均，睾酮水平高于平均

16. 参与性行为脑内调控系统的脑区**不包括**
　　A. 大脑皮质　　　　　　　　　　　B. 下丘脑
　　C. 杏仁核　　　　　　　　　　　　D. 小脑

17. 缺乏功能性雄激素受体的男性，不能激活细胞核里相应的基因发挥雄激素的男性化效应，被称为
　　A. 青春期前阴茎发育延迟　　　　　B. 先天性肾上腺增生
　　C. MIH受体缺陷　　　　　　　　　D. 睾丸女性化

18. 关于性取向可能的脑机制，以下说法**错误**的是
　　A. 男同性恋的MPOA比男异性恋的大
　　B. 男同性恋的SCN比男异性恋的大且长
　　C. 男同性恋INAH-3比男异性恋小
　　D. 男同性恋前联合体积比男异性恋小

19. 性欲倒错障碍**不包括**
　　A. 窥阴障碍　　　　　　　　　　　B. 露阴障碍
　　C. 性身份障碍　　　　　　　　　　D. 性受虐障碍

（二）名词解释

1. 人类的性反应周期
2. 性激素的组织化作用
3. 性激素的激活作用
4. 母性行为
5. 性别认同
6. 性别角色
7. 性别焦虑

（三）问答题

1. 简述卡普兰提出的性反应的三分期模型。
2. 性激素对性行为的影响发生在哪两个层次上？
3. 参与性行为调节的脑结构有哪些？
4. 简述性取向可能的生物学基础涉及哪些方面。
5. 性行为障碍主要包括哪些？

三、参考答案

（一）单选题

1. C　　2. B　　3. D　　4. B　　5. B　　6. A　　7. D　　8. A　　9. D　　10. C
11. A　　12. D　　13. B　　14. D　　15. B　　16. D　　17. D　　18. A　　19. C

（二）名词解释

1. 人类的性反应周期：美国的马斯特斯和约翰逊夫妇在科学实验基础上指出人类的性反应的典型模式，即从性兴奋开始到重新恢复到原有的状态，在生理和心理上存在着四个明显可分的时期，这就是兴奋期、平台期、高潮期和消退期，这个周期称为人类的性反应周期。

2. 性激素的组织化作用：指在生命发育早期特殊的敏感阶段（特别是胚胎的前 3 个月），性激素作用于性腺、大脑（特别是下丘脑）和生殖器官，使其发育成为男性抑或是女性的特点。

3. 性激素的激活作用：指有关性激素在促进性别分化、影响中枢神经系统结构组织和第二性征的形成之后，仍然对性行为的发生和维持起到持续的激活作用。

4. 母性行为：雌性照料后代的行为，包括筑巢、哺育和保卫等。

5. 性别认同：是指在自我意识和行为等方面对自己的男性、女性或性别矛盾身份持有的同一性、整体性和持续性。

6. 性别角色：是指一个人说的和做的每一件事暗示其他人自己是男性、女性或男女性别矛盾的程度，它包括但并不局限于性欲和性反应。

7. 性别焦虑：又称性身份识别障碍、性身份障碍、易性症，是指个体生物学上性器官发育正常，而具有一种强烈而持久的交换性别的身份认识（不仅仅是想以作为另一性别而获得社会文化上的好处的这种欲望），为自己的性别感到持久的不舒服，或者认为自己目前的性别角色很不合适，产生了临床上明显的痛苦烦恼，或在社交、职业、或其他重要功能方面的功能缺损。

（三）问答题

1. 简述卡普兰提出的性反应的三分期模型。

答：卡普兰从性功能障碍的临床角度提出性反应的三分期模型，包括欲望期、兴奋期和高潮期。第一阶段是性需求（欲望期），第二阶段是以副交感神经兴奋为主的生殖器充血（兴奋期），第三阶段是以交感神经兴奋为主的性高潮时的生理活动（高潮期）。卡普兰的分期更为重视人类性反应的感情因素。

2. 性激素对性行为的影响发生在哪两个层次上？

答：性激素对性行为的影响发生在两个层次上，第一个层次是性激素的组织化作用，第二个层次是性激素的激活作用。在生命的早期，主要发挥的是组织化作用，其影响一般是长期而持久的。而激活作用比较短暂，仅在激素快速增加或下降时，影响性驱动的程度。性激素的激活作用还可影响情绪的唤起，攻击性行为，学习和认知等。通过双重影响，性激素首先作用于性腺、大脑（特别是下丘脑）和生殖器官，然后激活和维持性功能。

3. 参与性行为调节的脑结构有哪些？

答：性行为的脑内调控系统是非常复杂的，下丘脑、杏仁核、隔核、扣带回、海马、前脑内侧束、间脑、下位脑干、脊髓以及大脑皮质等都参与性行为的调节。

4. 简述性取向可能的生物学基础涉及哪些方面。

答：性取向可能的生物学基础涉及遗传、产前环境和脑结构因素。

（1）遗传因素：遗传因素对同性恋的发生起非常重要的作用。遗传基因影响性取向可能直接通过影响与性取向有关的脑结构而发挥作用，也有可能影响个体外形发育或个体的经验来间接发挥影响。

（2）产前环境因素：围生期雄激素水平对成年的性取向有一定影响。雄性动物在胚胎早期处于低于正常水平的睾酮环境，可以导致其成年以后出现类似雌性的性行为；而雌性动物在其胚胎早期处于高于正常水平的睾酮环境，可以导致其成年以后出现类似雄性的性行为。过度的产前压力使得母体产生大量的内啡肽，它可以穿过胎盘到达接近成熟雄性胎儿的大脑，而内啡肽阻抗睾酮对下丘脑的效应。母亲的免疫系统可能在孕期发挥效应。

（3）脑结构的因素：男同性恋者在一些脑结构上甚至左右半脑的对称性上与女性异性恋相仿，女同性恋的大脑也在某些方式上向男性靠拢。男同性恋的下丘脑视交叉上核比异性恋的大且长，下丘脑视前区的间质核（INAH-3）比男异性恋小，与异性恋女性差不多。男性同性恋者的前联合体积大于男异性恋，和正常的女性差不多，甚至更大。

5. 性行为障碍主要包括哪些？

答：性行为障碍主要包括对自身性别身份不能认同的性别焦虑和通过异常的活动偏好及异常的目标偏好激起个体强烈性唤起的性欲倒错障碍。包括异常活动偏好：窥阴障碍、露阴障碍、摩擦障碍、性受虐障碍、性施虐障碍。异常目标偏好：恋童障碍、恋物障碍、易装障碍。

（朱春燕）

第十五章　运动控制的生理心理

一、教材精要

（一）内容简介

本章介绍了肌肉的分类和微细结构、运动单位、脊髓对运动的控制、运动的脑机制和运动障碍等知识点。

（二）教材知识点

1. 肌肉、本体感受器和运动单位

（1）肌肉的分类：平滑肌、心肌、骨骼肌。骨骼肌纤维还可以分为三类，分别是快肌、慢肌以及介于快肌与慢肌之间的中间型肌纤维。

（2）肌肉的微细结构

1）肌原纤维与肌节：肌原纤维沿肌细胞的长轴行走，呈现规律性明（明带）、暗（暗带）交替，形成明显横纹；暗带中央有一段较亮的区域线称为 H 带。H 带中央有一条横向的 M 线；明带中央有一条 Z 线。两个 Z 线之间称为肌节（sarcomere），是肌肉收缩的基本单位。

2）肌管系统：横纹肌分纵、横两套肌管系统。纵（L）管系统即肌质网，包绕在肌节中间，在肌节两端膨大形成终池。两侧肌节的终池与横管构成三联体。横（T）管系统是肌细胞膜在 Z 线水平处伸入细胞质中构成的。横管系统可将动作电位传向细胞内，使纵管系统释放钙而启动肌丝滑行。

（3）肌肉的神经支配：所有的运动都是肌肉在脑脊髓的神经输入产生收缩所引起的，而信息的传递主要是通过特殊类型的 α 运动神经元来完成的。它们的细胞体位于脊髓的前角。每块肌肉至少由一个运动神经元发出的成百个分支轴突末梢来支配。

（4）神经 - 肌肉接头：运动神经末梢与其所支配肌纤维的运动终板（motor endplate）形成的连接部位称为神经 - 肌肉接头（neuro-muscular junction），其释放的递质为乙酰胆碱（acetylcholine，ACh）。

（5）本体感受器对肌肉的控制

1）肌梭：位于肌纤维之间，呈梭形。

2）腱器官：位于肌肉与肌腱交接处，为一囊状结构。

（6）运动单位：是指一个运动神经元与它所支配的全部肌纤维。

（7）随意运动与不随意运动

1）随意运动：指由主观意志支配的动作，也称为自主运动，主要是锥体系的功能，由骨骼肌的收缩完成。随意运动受意识调节，具有一定目的性和方向性。

2）不随意运动：是指不受主观意志控制的"自发性"动作，它不受意识控制，也没有一

定的目的性与方向性。

2. **脊髓对运动的控制**

（1）牵张反射：牵张反射是最常见的脊髓反射。在大多数骨骼肌的深层有一种被称为肌梭（muscle spindle）的细长纤维囊状结构，它们受 γ 运动神经元支配引起收缩，这种收缩在主体肌肉收缩中微不足道。但肌梭的主要功能在于为脊髓运动神经元提供关于肌肉受牵张的感觉信息，因此它们又被称为牵张感受器。

（2）多突触反射：大多数脊髓反射远较牵张反射复杂，它们都是涉及多个神经元形成的突触，因此称为多突触反射（polysynaptic stretch reflex）。

3. **运动的脑机制**　我们需要大脑控制运动，许多脑区参与调节和产生运动。特别重要的是脑干（brain stem）、小脑（cerebellum）、基底神经节（basal ganglia）及运动皮质（motor cortex）。

（1）大脑皮质的作用：大脑皮质运动区是运动控制的最高水平，它主要由三部分组成，一级运动皮质、邻近一级运动皮质的脑区、从脑到脊髓的联系。前运动区和辅助运动区有纤维投射至一级运动皮质，在协调和计划复杂的运动中起重要作用，同时也接受来自后顶叶皮质和前额叶皮质的纤维。

1）一级运动皮质：1870 年德国科学家 Custav Fritsch 和 Eciward Hitzig 首先发现电刺激大脑皮质的一些区域可以引起对侧身体的运动。后来的实验证明，刺激中央沟前面的中央前回皮质引起特异运动，且刺激阈值最低，该区相当于 Brodmann 的第 4 区，这个区域现在称为一级运动皮质（primary motor cortex）。

2）邻近一级运动皮质的脑区：一级运动皮质附近一些区域以不同方式影响运动的控制，被称为次级运动区，主要包括：前运动区和辅助运动区；后顶叶皮质。

3）脑到脊髓的联系：背侧束、腹侧中间束。

4）大脑皮质与运动学习：在运动学习过程中，大脑的视、听、嗅和触等感觉皮质以及运动皮质都起重要作用。

（2）脑干的作用：脑干在运动控制中仍然起着"承上启下"的作用，主要表现为以下方面：①脑干参与包括呼吸、循环、眼球运动、姿势调节及多重反射反应（含复杂种系特有的行为）在内的广泛性自主性运动功能；②脑干对没有意识参与的自身运动行为的控制非常关键，如前庭核对平衡、头部控制、眼球运动，红核对躯体大的姿势性肌群（尤其是腹、颈、背部）；③脑干中还有许多其他结构及神经网络参与反射性活动（经直接通路到达脊髓）；④脑干还接受来自小脑、基底神经节、皮质运动区等其他脑区投射的高级指令，它们通过下行的腹内侧通路（包括前庭 - 脊髓束、网状脊髓束）及背外侧通路（红核脊髓束）影响脊髓运动神经元；⑤脑干在运动控制中是脊髓以上的最低级中枢，来自大脑皮质和其他脑区的运动纤维经过脑干投射到脊髓。

（3）小脑的作用：小脑（cerebellum）在运动控制中起着重要作用，虽然它外形较小，但它具有巨大的信息处理能力，与大脑各部分之间存在复杂而广泛的纤维联系。其主要作用是维持躯体平衡、调节肌肉张力和协调随意运动。另外，小脑在技巧性运动的获得和建立过程中发挥运动学习（motor learning）的作用。

1）小脑的功能部位：小脑的运动控制功能按照功能和进化的不同，把小脑分为三个主要的功能部分：①前庭小脑：又称古小脑，主要由绒球小结叶构成，接受前庭系统的传入纤维，控制躯体的平衡和眼球运动。②脊髓小脑：又称旧小脑，主要位于小脑蚓部，接受脊髓的传入纤维，并传出纤维到达脑干和大脑皮质，主要功能在于利用外周感觉反馈信息控制肌肉张力和调节进行中的运动。③皮质小脑：又称新小脑，主要指小脑半球外侧区，其输入来自大脑皮质的广大区域，包括感觉区、运动区、运动前区和感觉联络区，从这些脑区传入小脑的纤维均经桥核发散到对侧小脑半球。其传出纤维从齿状核发出，经丘脑腹外侧核回到大脑皮质的运动区和运动前区。

2）小脑的运动学习功能：运动学习是指在感觉刺激信号作用下，运动系统中神经环路的活动发生变化，从而使得机体能够做某种新的运动反应或行为活动的构成。

3）小脑的其他功能：对感觉刺激有反应。

（4）基底神经节的作用：基底神经节是皮质下一些神经核团的总称，其纤维联系与生理功能都很复杂。

1）基底神经节的运动调节功能：基底神经节损伤不同程度地影响运动功能，但基底神经节对运动的确切作用尚未明了。

2）基底神经节核团的组成：基底神经节的组成中，纹状体（striatum）是其中的主要部分，纹状体是一个灰质核团，被内囊纤维分隔成尾状核（caudate nucleus）和豆状核（lenticular nucleus）两部分。

3）基底神经节与大脑皮质之间的回路：①皮质 - 新纹状体 - 苍白球 - 丘脑 - 皮质回路；②皮质 - 新纹状体 - 苍白球（外）- 丘脑底核 - 苍白球（内）- 丘脑 - 皮质回路；③皮质 - 新纹状体 - 黑质 - 丘脑 - 皮质回路。

4. 运动障碍（movement disorder）　又称锥体外系疾病（extrapyramidal disease），主要表现为随意运动调节功能障碍，肌力、感觉及小脑功能不受影响。运动障碍疾病源于基底神经节功能紊乱，通常包括纹状体、苍白球、尾状核、黑质等与运动有关而又不属于锥体束的结构。常见的疾病是帕金森病和亨廷顿病。

（1）帕金森病（Parkinson disease, PD）：为原发于黑质 - 纹状体通路的变性病。临床症状的特点有随意运动减慢、肌张力强直、肢体震颤和正常姿势平衡反射丧失等。许多患者有抑郁、认知障碍等心理症状，可能是疾病本身的症状表现，而不仅仅是继发于运动不能的心理反应。

1）发病机制：黑质 - 纹状体通路多巴胺水平下降是 PD 的直接病因。研究发现，本病患者脑中尾状核、壳核和黑质中的多巴胺含量明显减少（仅有同龄正常人含量的 1/10~1/5），特别是黑质细胞发出到尾状核和壳核的多巴胺能纤维，导致苍白球向丘脑的抑制性输出增高，而丘脑向皮质的兴奋减少。一些症状可能与皮质的这种兴奋性输入减少有关，如许多 PD 患者运动功能下降的同时伴有记忆及解决问题等能力下降。

2）帕金森病的病因：遗传因素；环境因素；生活方式。

3）帕金森病的治疗方法：① L-Dopa 治疗：PD 是由多巴胺减少所致，治疗目的就是恢复丢失的多巴胺，故多巴胺替代疗法成为最主要的药物治疗方法；②外科治疗；③细胞移植和基因治疗；④肾上腺及胚胎移植；⑤其他进展。

（2）亨廷顿病（Huntington disease, HD）：又称亨廷顿舞蹈症（Huntington chorea），是一种遗传性大脑变性疾病，以新纹状体损害为主，大脑皮质也受累。HD 是一种以影响运动功能为主的神经退行性疾病，属常染色体显性遗传性疾病。目前没有任何特效药物能够治疗HD，但可以采取措施改善临床症状，同时实施必要的辅助治疗。

(三)本章小结

本章介绍了肌肉、运动单位和脊髓的运动控制等,然后介绍了运动的脑机制,包括大脑皮质、脑干、小脑和基底神经节在运动控制中的作用。最后讲述了两种运动障碍疾病:帕金森病和亨廷顿病。运动的脑机制比较重要而且难懂,希望大家仔细阅读并且与以往知识相结合达到本章的学习任务。也希望大家结合生活中运动控制的实际例子更好地了解所学内容。

二、复习题

(一)单选题

1. 肌原纤维沿肌细胞的长轴行走,呈现规律性明(明带)、暗(暗带)交替,形成明显横纹,明带中央有一条Z线,两个Z线之间称为

    A. 肌节   B. 肌原纤维

    C. M线   D. 肌动蛋白

2. 所有的运动都是肌肉在脑脊髓的神经输入产生收缩所引起的,而信息传递主要的运动神经元是

    A. α运动神经元   B. β运动神经元

    C. γ运动神经元   D. 特殊运动神经元

3. 及时地将身体各部位所处位置及运动信息(肌肉的长度、张力及其变化)传递给中枢的是

    A. 神经-肌肉接头   B. 神经元

    C. 肌原纤维   D. 本体感受器

4. 如果许多肌纤维同时强有力地收缩会造成其自身损伤。可以检测到肌肉收缩时产生的张力,将信息传入脊髓,并通过中间神经元抑制运动神经元,在肌肉过于强大的收缩时起到抑制作用的是

    A. 肌梭   B. 运动单位

    C. 腱器官   D. 肌肉

5. 肌梭的主要功能在于为脊髓运动神经元提供关于肌肉受牵张的感觉信息,因此它们又被称为

    A. 本体感受器   B. 牵张感受器

    C. 多突触反射   D. 收缩感受器

6. 锥体束或大脑皮质锥体细胞受损可引起

    A. 同侧肢体瘫痪   B. 对侧肢体瘫痪

    C. 双侧肢体瘫痪   D. 一侧肢体瘫痪

7. 刺激中央沟前面的中央前回皮质引起特异运动,且刺激阈值最低,该区相当于Brodmann的第4区,这个区域现在称为

    A. 锥体系   B. 背侧束

    C. 一级运动皮质   D. 次级运动区

8. 主要作用是维持躯体平衡、调节肌肉张力和协调随意运动的是

    A. 大脑   B. 小脑

    C. 脑干   D. 脊髓

9. 症状的特点有随意运动减慢、肌张力强直、肢体震颤和正常姿势平衡反射丧失的疾病为

    A. 亨廷顿病　　　　　　　　　　B. 癫痫

    C. 帕金森病　　　　　　　　　　D. 小脑共济失调

10. 亨廷顿病是一种以影响运动功能为主的神经退行性疾病，其所属的遗传性疾病为

    A. X 染色体遗传性疾病　　　　　B. Y 染色体遗传性疾病

    C. 常染色体显性遗传性疾病　　　D. 常染色体隐性遗传性疾病

（二）名词解释

1. 肌肉（muscle）

2. 拮抗肌（antagonistic muscles）

3. 神经 - 肌肉接头（neuro-muscular junction）

4. 运动单位（motor unit）

5. 一级运动皮质（primary motor cortex）

6. 网状结构（reticular formation）

（三）问答题

1. 肌梭与腱器官的功能有何差异？

2. 简述运动形式的分类。

3. 大脑皮质与运动学习的关系是什么？

4. 脑干在运动控制中发挥什么作用？

5. 锥体外系的主要功能和构成是什么？

6. 简述纹状体与大脑皮质之间的回路。

7. 一级运动皮质损害可引起的肌肉瘫痪的特点是什么？

三、参考答案

（一）单选题

1. A　　2. A　　3. D　4. C　　5. B　　6. B　　7. C　　8. B　　9. C　10. C

（二）名词解释

1. 肌肉（muscle）：是最主要的运动器官，在接受神经信号后产生收缩或舒张。

2. 拮抗肌（antagonistic muscles）：当向两个不同方向运动时，需要两组作用相反的肌肉，称为拮抗肌。

3. 神经 - 肌肉接头（neuro-muscular junction）：运动神经末梢与其所支配肌纤维的运动终板形成的连接部位称为神经 - 肌肉接头。

4. 运动单位（motor unit）：是指一个运动神经元与它所支配的全部肌纤维。

5. 一级运动皮质（primary motor cortex）：刺激中央沟前面的中央前回皮质引起特异运动，且刺激阈值最低，该区相当于 Brodmann 的第 4 区，这个区域现在称为一级运动皮质。

6. 网状结构（reticular formation）：是脑干中央部的神经细胞和神经纤维集合区域，它接受来自脊髓、皮质、基底神经节和小脑的投射，是控制躯体运动和姿势的重要中枢。

（三）问答题

1. 肌梭与腱器官的功能有何差异？

答：肌梭（muscle spindle）位于肌纤维之间，呈梭形。肌梭内有两种感受器：初级感受末

梢和次级感受末梢。肌肉受牵拉时,肌肉的长度不断变化,初级感受末梢的放电频率显著增加,牵拉速度越快,放电频率也越高,当肌肉维持在被拉长的新长度时,初级感受末梢放电减少,而次级感受末梢的放电仍维持于较高水平,说明初级感受末梢主要检测肌肉的长度变化速率,次级感受器主要检测肌肉的长度。肌梭与梭外肌纤维"并联",被动牵拉时梭内肌被拉长,因此对被动牵拉十分敏感。当肌肉和肌梭受到牵拉时,肌梭的感受神经向脊髓传递信息,由脊髓发出信号引起肌肉收缩,对抗牵拉。

腱器官(tendon organ)位于肌肉与肌腱交接处,为一囊状结构。当肌肉主动收缩时,腱器官放电增多,而肌梭放电减少或停止,腱器官与梭外肌"串联",对肌肉主动收缩产生的牵拉异常敏感,所以腱器官主要检测肌肉张力。如果许多肌纤维同时强有力地收缩会造成其自身损伤,而腱器官可以检测到肌肉收缩时产生的张力,将信息传入脊髓,后者通过中间神经元抑制运动神经元,在肌肉过于强大的收缩时起到抑制作用。

2. 简述运动形式的分类。

答:随意运动指由主观意志支配的动作,也称为自主运动,主要是锥体系的功能,由骨骼肌的收缩完成。随意运动受意识调节,具有一定目的性和方向性。它既是人和动物基本的行为方式之一,又是人的意志成为行动的基础。参与随意运动控制或对它有影响的神经结构为数众多,广泛分布在中枢神经系统的各个部位,比较复杂的随意运动需要进行反复练习才能完善和熟练掌握。

不随意运动是指不受主观意志控制的"自发性"动作,它不受意识控制,也没有一定的目的性与方向性。正常情况下,保持机体正常姿势的活动,主要是锥体外系和小脑系统的功能,由骨骼肌的不随意收缩来调节。

3. 大脑皮质与运动学习的关系是什么?

答:在运动学习过程中,大脑的视、听、嗅和触等感觉皮质以及运动皮质都起重要作用。比如,人类运动学习者最初主要是通过大脑皮质对接收到的各方面信息的认知、加工,以理解运动任务的意义。这些信息首先是在感觉皮质进行初级加工,经过中枢认知整合后,再发出传出信息支配运动系统。运动技能还不熟练时,表现为肌肉群活动泛化,多余的动作较多,动作之间的联系不协调,准确性较低。这是因为初学者注意范围比较狭窄,知觉的经验缺乏,运动系统还不能精确调节肌肉的协调活动,只能利用非常明显的感觉线索来反馈调节动作。随着练习的增多,注意的范围扩大,感知觉的经验增加,运动的本体感觉逐渐清晰明确,动作准确性开始增加,继而可以通过关节、肌腱和肌肉的本体感觉来自动反馈调节运动。

4. 脑干在运动控制中发挥什么作用?

答:①脑干参与包括呼吸、循环、眼球运动、姿势调节及多重反射反应(含复杂种系特有的行为)在内的广泛性自主性运动功能;②脑干对没有意识参与的自身运动行为控制非常关键,如前庭核对平衡、头部控制、眼球运动,红核对躯体大的姿势性肌群(尤其是腹、颈、背部);③脑干中还有许多其他结构及神经网络参与反射性活动(经直接通路到达脊髓);④脑干还接受来自小脑、基底神经节、皮质运动区等其他脑区投射的高级指令,它们通过下行的腹内侧通路(包括前庭-脊髓束、网状脊髓束)及背外侧通路(红核脊髓束)影响脊髓运动神经元;⑤脑干在运动控制中是脊髓以上的最低级中枢,来自大脑皮质和其他脑区的运动纤维经过脑干投射到脊髓。

5. 锥体外系的主要功能和构成是什么?

答:锥体外系主要的功能是协调肌群的运动、调节肌张力维持和调整姿势等,它们传出的运动信息到达脑干；由此再发出许多传导束下行到脊髓,包括网状脊髓束、红核脊髓束及前庭脊髓束。

6. 简述纹状体与大脑皮质之间的回路。

答:①皮质 - 新纹状体 - 苍白球 - 丘脑 - 皮质回路:从大脑皮质相当广泛的区域(包括运动区、体感区、联合区、边缘区等)发出纤维按一定的定位排列投射到同侧的新纹状体(包括尾状核和壳核),后者发出纤维止于苍白球内侧部,从苍白球再发出纤维止于丘脑,丘脑发出的纤维也按一定定位排列投射到大脑皮质,主要为辅助运动区和运动前皮质;②皮质 - 新纹状体 - 苍白球(外)- 丘脑底核 - 苍白球(内)- 丘脑 - 皮质回路:从大脑皮质投射到新纹状体后,新纹状体也有纤维投射到苍白球外侧,后者按一定定位排列投射到丘脑底核,再由丘脑底核投射到苍白球内侧,经丘脑返回皮质;③皮质 - 新纹状体 - 黑质 - 丘脑 - 皮质回路:从大脑皮质投射到新纹状体后,再从纹状体按一定的定位排列投射到黑质网状部,后者发出纤维到丘脑,经丘脑返回到大脑皮质运动区和运动前区。

7. 一级运动皮质损害可引起的肌肉瘫痪的特点是什么?

答:特点为近端肌肉的运动恢复较快,而肢体远端肌肉出现肌强直,特别是控制精细活动的肌肉,如腕和手指的伸肌强直最严重和持久,且手指分别活动的能力丧失,屈指时只能五指一起屈曲,精细运动能力完全丧失。

(何志磊)